度阴山讲
《菜根谭》

心浮气躁就读《菜根谭》，杂念一消万事可成！

度阴山 著

江苏凤凰文艺出版社
JIANGSU PHOENIX LITERATURE AND
ART PUBLISHING

图书在版编目（CIP）数据

度阴山讲《菜根谭》/ 度阴山著. -- 南京：江苏凤凰文艺出版社，2022.9
ISBN 978-7-5594-6951-9

Ⅰ.①度… Ⅱ.①度… Ⅲ.①个人-修养-中国-明代②《菜根谭》-研究 Ⅳ.①B825

中国版本图书馆 CIP 数据核字 (2022) 第 108130 号

度阴山讲《菜根谭》

度阴山 著

责任编辑	丁小卉
特约编辑	石祎睿　黄巧婷　乔佳晨
封面设计	张王珏
封面插画	周 末　王 晓
责任印制	刘 巍
出版发行	江苏凤凰文艺出版社
	南京市中央路 165 号，邮编：210009
网　　址	http://www.jswenyi.com
印　　刷	河北鹏润印刷有限公司
开　　本	880 毫米 ×1230 毫米 1/32
印　　张	13
字　　数	240 千字
版　　次	2022 年 9 月第 1 版
印　　次	2022 年 9 月第 1 次印刷
标准书号	ISBN 978-7-5594-6951-9
定　　价	49.90 元

江苏凤凰文艺版图书凡印刷、装订错误，可向出版社调换，联系电话：010-87681002。

作者序

现在为何还要读《菜根谭》

【1】

从前有个人和朋友闲逛寺院。走到一处高大楼阁时,两人看到外墙写着四个大字:心中业物。

此人像被电到一样,浑身颤抖地感叹说:"这是人生修行的四字箴言啊,每个人心中的'业'太多,心内之物也太多,所以人生极不幸福。如果能把心中的'业'修圆满,把心内之物完全祛除,就可抵达人生最高境界——此心光明。"

离开寺院后,他开始修心,在静中体悟,去事上磨炼,在独处时省察克治。几个月后他再次和那位朋友见面,朋友对他的改变大为吃惊,问他:"最近遇到什么高人了吗?"

他回答:"哪里有什么高人,还记得上次我们去的那间寺庙吗?我只是参悟透了墙上那四个字——'心中业物'罢了。"

接着他就把自己对这四个字的感悟说给朋友听,说得唾沫横飞、激动不已。

他的朋友慢慢听完,才很平静地告诉他:"你看反了,那是'物业中心'。"

同样的四个字,有人看出了人生修行的法门,有人则认为平平无奇。心中所见,决定了眼前所见。心中有修行,看到"物业中心",都能看出修行;心中没有修行,纵然看到"心中业物",也看不到修行。

【2】

那么,我说的这个故事以及故事的道理和《菜根谭》有什么关系呢?

先来大致了解下《菜根谭》。《菜根谭》的作者洪应明是活跃在明朝万历年间的一位道士,仙风道骨,与俗不同。他俯瞰人间,看到各种人生真谛和修行方式,认为要成为人生智者,需从咬难咬的菜根开始,后来他创作一本关于人生真谛和修行方式的书,名字就叫《菜根谭》。

此书是洪老道论述修养、人生、处世、出世的一本语录体作品,是三教(儒、释、道)真理的结晶,是万古不易的传世之道,也是旷古稀世的奇珍宝训。它不但影响了一代又一代的中国人,还被日本商界人士奉为心理学教材。

《菜根谭》其实相当于上面故事中的"物业中心"那四个字,不同的人看,会有不同的感悟。比如政治家会看到经邦治国的谋略,商人会看到以仁取胜的机智,修行者则从中看到修行的法门,老年人看到如何成为老狐狸的绝招,青少年则能看到如何过好这一生的秘诀。

在今天,为什么还要读《菜根谭》?不仅仅是因为它本身藏着的那些大智慧,更因为它如"物业中心"那四个字一样,能更快、更有效地"勾引"出你内心最强大的东西,使你能比他人更快地了解自己,熟悉自己的心性和力量。人只要了解了

自己是什么样的人，就已对完美人生稳操胜券。

所以，当我们读《菜根谭》时，其实我们并不是在读《菜根谭》，而是在读自己，读自己的目的是塑造更强大的自己。

【3】

作为古人为人处世三大奇书之首的《菜根谭》（另外两本是《围炉夜话》《小窗幽记》），它的内容充盈着王阳明心学的痕迹。它包含个性解放的方法、心性进化的技巧，巧妙而出色地处理"躺平"（出世）和"进取"（入世）之间的关系，三两句话就可以把人带入"顿悟"的神奇之境。

不过，它也和其它书籍一样，有股道德至上、不敢为天下先的空谈味道。中国传统思想、文化中固然有精华，也有糟粕。糟粕并非一生下来就是糟粕，而是不适应时代了。

不适应时代的东西就应该扔掉，至少不要再大力提倡。人应该进化的不仅是力量、勇气，更应该进化的是独步天下的傲骨以及勇于担当的信心和心法。

这个思路主宰着本书全部的评析部分，也是本书的源头活水。

度阴山
2021年10月

目 录

第一章　修省　　　　　　　　　　　*001*

第二章　应酬　　　　　　　　　　　*041*

第三章　评议　　　　　　　　　　　*093*

第四章　闲适　　　　　　　　　　　*147*

第五章　概论　　　　　　　　　　　*199*

第一章 修省

成就和艰辛，是老天捆绑销售给我们的

原文

欲做精金美玉的人品，定从烈火中煅来；
思立掀天揭地的事功，须向薄冰上履过。

译文

想要成就纯金美玉般的人格品行，必要经历烈火煅烧般的磨砺；想要建立轰轰烈烈的丰功伟绩，必要体尝过如履薄冰的艰辛。

度阴山曰

有个门槛向木佛抱怨说："同样是木头，为何你受众生膜拜，我却受万人踩踏？"

木佛回答他："你才挨了几斧头，我却是挨了千刀万剐啊。"

木佛的话告诉我们：无论在人品还是事业上，若要有闪光点，就必须经历磨难和奋斗。我将其称为"捆绑销售法则"：想买幸福，必须先购买苦难，你不购买苦难，老天就永远不卖给你幸福；若想购买成功，就必须先购买磨难，不购买磨难，老天就绝不卖给你成功。

但客观现实却是，磨难和奋斗也未必保证我们成功，比如菜板子，也是挨了千刀万剐，却仍然只是个菜板子。虽然磨难和奋斗未必成功，但没有磨难和奋斗一定不能成功。因为，大多时候，磨难、奋斗和成功是捆绑销售的。

犯错成本低，人人都会不计成本

原文

一念错，便觉百行皆非，防之当如渡海浮囊，勿容一针之罅漏；万善全，始得一生无愧，修之当如凌云宝树，须假众木以撑持。

译文

如果一念之差做了错事，便感觉所有行为都是错的，因此必须谨防差错，如渡海的浮囊，不许出现一个针尖儿大的孔洞；各种好事全都做过，才能使人一生无愧无悔，因此需要努力修行，就像西方极乐世界中凌云的七宝之树，必须凭借众多物质来支撑和护持。

度阴山曰

这段话的第一句就高估了人性的善，很少有人会因一念之差懊悔流涕。任何时代、任何地方，小打小闹的犯错成本过于低廉，既然犯错成本低，那大多数人就会不计成本。于是你在社会上总能看到乱停车、不讲信用、违规丢垃圾等"小毛病"。假设把你扔到汪洋大海，给你一个浮囊，你每犯一次错就在浮囊上扎一个孔，那你一定会谨小慎微而不犯错。

"一念之差"，大多数人总认为情有可原，甚至无可避免。其实只要把犯错成本提高，比如乱停车一次就处以巨额罚款，这种行为会立即消失。

两种生存技能：事前预备与事后复盘

原文

忙处事为，常向闲中先检点，过举自稀；
动时念想，预从静里密操持，非心自息。

译文

忙碌时的所作所为，如果能用空闲时间事先检查和审视，以后的错误的举动自然就会少；行动时的念头，预先在安静时缜密地筹划和料理，错误的想法自然就会停息。

度阴山曰

有两种生存技能，你必须掌握：一是事前预备，二是事后复盘。人应该做到有事时忙事，无事时检点，这检点包括事前预备和事后复盘。很多人遇事就慌，乱中出错，无非是未经事时不知在念头上预备，事情结束后不知复盘，于是把自己活成了毛手毛脚的人。

错误的举动和错误的想法，都能通过事前事后的检点、操持将其消灭。人生一世，无非是不停动脑和动手的二合一的过程，该动手时动手，该动脑时动脑，如此才能在动手时用脑而不出错，这就是知行合一。

动机不纯，善举也是恶行

原文

为善而欲自高胜人，施恩而欲要名结好，修业而欲惊世骇俗，植节而欲标异见奇，此皆是善念中戈矛，理路上荆棘，最易夹带，最难拔除者也。须是涤尽渣滓，斩绝萌芽，才见本来真体。

译文

做好事却想着趁机抬高自己超过别人，施舍他人总想着借此谋求声名、结交好友，做了点功德总想着让世人惊骇，树立节操总想着标新立异，这些想法都是好行为中的恶念，是追求义理道路上的障碍，最容易混杂夹带，最难拔除。必须要把这些恶念全部清除，断绝其萌芽之根，才能显现人心向善的本来意图。

度阴山曰

有人问孟子，见到小孩在井边，救下小孩是不是善举？孟子说，是。但如果解救小孩时想着可以得到小孩父母的奖赏，虽有解救小孩的行为，却也不是善举。

古人对善的公式如下：善＝善行，如果善＝善行＋功利的想法，那善行就不是善了。做好事、树立节操、救济他人、积累功德，这都是货真价实的好行为。如果这些好行为中没有夹杂有条件的想法，比如超过别人、被人赞美、标新立异等，那这种好行为就是善。反之，虽是好行为，却仍不视为善。

我们可以这样认为：古人固然重视行为，但更重视的是催生这种行为的念头。动机不纯，即使有普渡众生的行为，也非善行。

只有蠢人，才执着于事物

原文

能轻富贵，不能轻一轻富贵之心；能重名义，又复重一重名义之念。是事境之尘氛未扫，而心境之芥蒂未忘。此处拔除不净，恐石去而草复生矣。

译文

能轻视富贵，却不能放下轻视富贵的念头；能看重名誉节义，却过于强调名誉与节义。这是没有摆脱世俗各种欲念影响，内心深处的私情杂念也未忘怀。这些念头不拔除干净，就像原本压在草上的石头，一旦搬走，杂草又会生长。

度阴山曰

着相（刻意执着事物）的人不是虚伪，而是蠢，他分不清本质和幻象，最终好事变成坏事。

如果能解决温饱，那么轻视富贵就是一种境界，可总是有轻视富贵的念头和行为，这就是矫情。能重视名誉节义，这是君子之道，但过分强调名誉节义，好像世界上除了名誉节义外什么都没有，这就是刻意。遇到这种人，千万要小心，他们可能不是坏人，但绝对虚伪。

任何人对任何行为，无论这个行为本身是好还是坏，只要过分强调和重视，而不是怀着云淡风轻的态度，这种人一定有问题。总有"轻视富贵"念头的人可能会做出仇富的极端行为来，过分重视名誉节义的人会因为名誉和节义而不懂变通，导致指恶为善。

美好的人生就是把闯江湖与休息完美切换

原文

纷扰固溺志之场,而枯寂亦槁心之地。故学者当栖心元默,以宁吾真体。亦当适志恬愉,以养吾圆机。

译文

纷杂扰乱固然是导致意志消沉的场所,但单调寂寞也是引起身心憔悴的所在。因此,人应排除纷扰、宁静致远、体察本体,也应用点点愉悦来培养自由的心灵。

度阴山曰

人在江湖飘,常回家看看。江湖纷杂扰乱,意志力弱的人遇到苦难后就会消沉,这个时候最好能回家躺平。因为家是温暖的港湾,可以抚平人生创伤。但俗话还说,男儿志在四方,应该多去闯荡。家虽然是温暖的港湾,但单调寂寞能让人身心憔悴,不思进取。

最好的办法就是,在江湖飘一段时间就回家躺平,在家中躺的即将半身不遂了再出去闯荡。闯江湖与休息完美切换,才能培养出完美人格来。

而所谓心灵自由,则是既能在纷杂扰乱中找到单调寂寞,又能在单调寂寞中寻得纷杂扰乱。纷杂扰乱和单调寂寞好像水乳交融,不能分辨。人生和饺子馅儿一样,掺和着来,才更有味道。

你会定身术吗？定住你自己的那种

原文

昨日之非不可留，留之则根烬复萌，而尘情终累乎理趣；今日之是不可执，执之则渣滓未化，而理趣反转为欲根。

译文

过去的错误要彻底根除，否则会使已改的错误行为再度萌生，从而因俗情失去理想趣味；今日认为正确而喜欢、追求的生活和事物，不可太执着，否则就得不到事理的精髓，反而使理趣转变成欲望的根苗。

度阴山曰

孙悟空的法术中有一种叫定身术，被定住身的人会感觉时空全部消失，自己在太空漂浮。其实，我们每个人都会使用这种定身术，只不过能定住的只有我们自己。我们总是被自己施展的定身术定在过去或某个事物上。于是，我们始终活在过去，哪怕自己老得掉光了牙，意识也沉浸在过去一动不动。而有些人则被定在了某些事物上，过分执着于某些事物，永远陷在事物中不得解脱。你的很多痛苦就来源于此：对于已经发生的事，仍然耿耿于怀，常常反刍式地拿出来折磨自己，不肯放过自己。

要知道，定身术的解药不在别人那里，而在你心上，它叫"活在当下"——当下的情境、当下的物质和精神条件。

有、无、得、失：人生的大学问

原文

无事便思有闲杂念想否，有事便思有粗浮意气否，得意便思有骄矜辞色否，失意便思有怨望情怀否。时时检点，到得从多入少、从有入无处，才是学问的真消息。

译文

没事时要反省自己是否有一些杂乱的念头，忙碌时要思考自己是否心浮气躁，得意时要注意自己的言行举止是否傲慢，失意时要反省自己是否怨天尤人。能如此检查清点自己的身心，让不良的习气由多到少、由有到无，这才是真正明白了为学做人的真谛。

度阴山曰

如果用八个字来描述人生的全部经历，那应该就是：有事、无事、得意、失意。人生的学问恰好就在这八个字上：无事时，别有杂念；有事时，别心浮气躁；得意时，不要骄傲；失意时，不要有怨气。

无事时胡思乱想，有事时又心浮气躁，这种人肯定活得不开心，因为无论有事无事，他都在折腾自己。一失败就气馁，才取得小胜利就骄傲，这种人肯定是"浅碟子"，难成大气候。人生的学问只是个做人的学问，无事无杂念，胜不骄败不馁，有事就气定神闲去做，仅此而已。

把"我想要"变成"我必须要"

原文

士人有百折不回之真心，才有万变不穷之妙用。立业建功，事事要从实地着脚，若少慕名闻，便成伪果；讲道修德，念念要从虚处立基，若稍计功效，便落尘情。

译文

对待事情有百折不挠的精神，才具有克服各种困难的本事。建立功业，事事都必须脚踏实地去做，如果稍一追求名声，就成了虚伪的成就；讲求道德修养，每个理念都应从虚处建立基础，一旦稍以功效来计算，那道德也就失去了其本来存在的意义，成了世俗生活中的伪饰品。

度阴山曰

你只要能把"我想要……"变成"我必须要……"，就是成功。

人的成功靠两种力量，一样是意志力，一样则是踏踏实实。这两样其实都是我们与生俱来的。人的意志力源于我们对所做事情的热爱，把"我想要"变成了"我必须要"，而踏踏实实就是得到这个事物的过程。

我们谋事靠的是人，但成事靠的是天。倘若你总精打细算，追求名声、计算功效，那老天就会不高兴，因为这些奖赏都是他老人家给你的，而不是你计算得来的。所以，越是计算就越是失算，人谋不过天。

把握好虚实

原文

立业建功,事事要从实地着脚,若少慕声闻,便成伪果;讲道修德,念念要从虚处立基,若稍计功效,便落尘情。

译文

建立功业,每件事必须脚踏实地,如果稍微贪图一点儿名声,即使有所成,那也是伪果。讲道修德,每个念头都要从虚处建立根基,如果稍微计较一点点功效,那就落入俗套了。

度阴山曰

做事情就是做事情,别贪图事成之后的鲜花和掌声,一想鲜花和掌声,你做的这件事情的意义就大打折扣了。让自己成为有道德的人,心中不能存着贪念好处的念头。人一旦有这个念头,所有的道德就会灰飞烟灭。中国古人有时候特别实在:把事情做好,名誉是虚的,可要可不要;有时候又特别务虚,认为念头要虚,不能实。人如果在虚实之间游刃有余,就能成事成功。

劳逸结合，才是人生正理

原文

身不宜忙，而忙于闲暇之时，亦可徼惕惰气；
心不可放，而放于收摄之后，亦可鼓畅天机。

译文

人不可过于操劳忙碌，但如果在闲暇时忙碌，这样才可保持警觉之心，以防懒惰性情的滋长；人不可过于放纵，而在紧张之后适度放松，才能促进灵感的爆发。

度阴山曰

世界上有一种傻鸟，永远在飞，直到死掉的那一刻，爪子才落地。人不是傻鸟，所以必须明白，美好人生应是劳逸结合、张弛有度的。

过度忙碌会透支生命，过度安逸会浪费生命。不透支、不浪费生命的办法就是在忙碌与闲适之间自如切换。人生短短几十年，不能只有一种模式，所以要劳逸结合、张弛有度。当然，年轻时还是要多些透支，多些奋斗，因为到年老时，你就无法奋斗了。

讨厌名声和欲望，对不对

原文

钟鼓体虚，为声闻而招击撞；麋鹿性逸，因豢养而受羁縻。可见名为招祸之本，欲乃散志之媒。学者不可不力为扫除也。

译文

钟和鼓形体空虚，为了声音的散布而招致敲击捶打；麋与鹿性情安逸，因为豢牢驯养就承受羁绊系縻。可见，名声是招致灾祸的本源，欲望是涣散心志的媒介。做学问的人要尽力打扫，清除它们。

度阴山曰

名声可以获取财富，欲望能让人大概率接触到财富，而财富可以让人生活得更好。听上去，追求财富是正确的事。正如钟和鼓被敲打是心甘情愿，麋和鹿被驯养也是乐在其中。那为何说名声是灾祸的源头，欲望是摧毁心志的媒介呢？

因为古代知识分子不喜欢物质生活的富足，所以不喜欢过多的财富，自然就不喜欢名声，于是名声就成了灾祸的源头。试图用名声让自己生活的更好的想法就成了卑鄙的欲望，这都是古代知识分子特别厌恶的。这种看法对不对呢？其实有些看法已经成了过时的糟粕，看一下抛到脑后就可以了。

天上不会掉馅饼,哪怕是素的

原文

一念常惺,才避去神弓鬼矢;
纤尘不染,方解开地网天罗。

译文

只有时刻保持头脑清醒,才能避开明枪暗箭;只有保持心地洁净,才能避开陷阱和包围圈。

度阴山曰

有小和尚问老和尚:"怎样才能不上当?"

老和尚仰头看天,看了许久,慢慢地说:"怎么还没有掉素馅饼?"

小和尚笑道:"天上怎么可能掉馅饼?"

老和尚点头说:"记住这句话,就能不上当。"

人能上当,有两种情况。第一种是智慧不够、头脑不清醒,第二种是贪便宜,认定天上可以掉馅饼。但当你认真琢磨这件事后,可能发现:你之所以被欺骗,是不是因为潜意识有所图?即是说,你仍然是因为贪便宜而被欺骗。所以,不被欺骗唯一的招数就是,坚信天上不会掉馅饼。

成为圣人,是一本万利的买卖

原 文

一点不忍的念头,是生民生物之根芽;一段不为的气节,是撑天撑地之柱石。故君子于一虫一蚁不忍伤残,一缕一丝勿容贪冒,便可为万物立命,为天地立心矣。

译 文

一点儿善念,是生养民众、恩泽万物的根源;一段有所不为的气节,是支撑天地的柱石。因此,君子对于一条虫子、一只蚂蚁都不忍心伤害,对一段丝线、一根蚕丝都不允许贪图冒领。这样才可帮助世间万物找到其使命,帮助天地树立准则。

度阴山曰

你和神的距离有多远?答案是三尺,因为举头三尺有神明。其实,你和神近在咫尺。我将其称为"善万能论":只要你有善念、存善心,那就可以成为"神"。中国最古老的"神"的本质就是"善",如果你能拥有这种本质,就可以成为圣人。

如何拥有这种本质呢?第一,心存一点儿善念,注意,是一丁点善念即可;第二,有所为、有所不为的气节,也就是孟子所说的"浩然正气"。

一点儿善念、一点儿正气,就能让你成为帮助天地树立准则的神。

想改变外界，先改变你自己的心

原文

拨开世上尘氛，胸中自无火炎冰竞；
消却心中鄙吝，眼前时有月到风来。

译文

拨开世上的乌烟瘴气，心中自然没有趋炎附势的热恼也没有如履薄冰的恐惧；消去心中的鄙俗，眼前就常有清风明月般的舒爽自在。

度阴山曰

雪崩时没有一片雪花是无辜的，世上的乌烟瘴气也全由人所造成。当你能见到乌烟瘴气时，说明你的心中已经有乌烟瘴气了，那你就要对此负责。方法是，先消除你心中的私欲，你眼前的世界就尽是清风和明月，而不是乌烟瘴气。你怎样，这个世界就怎样。不是因为你能改变这个世界，而是你所看到的世界并不是客观的，只和你自己有关。

迟钝不是蠢，而是一种力量

原文

学者动静殊操，喧寂异趣，还是煅炼未熟，心神混淆故耳。须是操存涵养，定云止水中，有鸢飞鱼跃的景象；风狂雨骤处，有波恬浪静的风光，才见处一化齐之妙。

译文

修行之人面对喧闹和寂静时，如果表现出两种不同的操守，说明还需要磨炼，这是心神混乱造成的。有足够修养的人，一定有足够的定力和涵养，即使在风平浪静中也能看到勃勃生机，在狂风暴雨中也能寻得一份恬淡安然，进入万物齐一的意境。

度阴山曰

拥有"钝感力"的人是高手。他们的特点是，虽然外界环境改变，他们却不会察觉，在乱中表现得如在静中一样。心学大师王阳明谈动静合一，就是这个意思。高手向来都是动中静中一个样，而绝不像三流高手，环境一变，操守随之改变。

归根结底，都是此心不静，没有定力和涵养。定力和涵养也不是在静中养成的，恰好相反，它需要在行动中、在波动中，甚至在大起大落中养成。一旦养成这种视动静如一的境界，那万物万事其实都是一物一事，万物齐一的意境就此抵达。

理障比事障更难消除

原文

心是一颗明珠。以物欲障蔽之,犹明珠而混以泥沙,其洗涤犹易;以情识衬贴之,犹明珠而饰以银黄,其涤除最难。故学者不患垢病,而患洁病之难治;不畏事障,而畏理障之难除。

译文

我们的心是一颗明珠,用物质欲望来遮蔽它,就如同明珠混在泥沙中,把它洗涤出来还算容易;用才情和见识来加持我们的心,犹如在明珠上镶嵌了黄金和白银,洗涤难于上青天。所以学者不担心被物欲遮蔽,只担心被才情和见识冲昏头脑;再直白而言,不怕事障,而怕理障的难以消除。

度阴山曰

物质欲望看起来很强大,其实是纸老虎。物质欲望可以麻痹人的感官,但无法长久麻痹我们的心和思想,这就是无论我们拥有多少物质财富,幸福时间都无法持续很久的原因。但某些知识却能侵入我们的心和脑,大多数人都能在知识上保持高度和持久的幸福,无论这种知识是真理还是邪说。

很多时候,我们被知识诅咒,把知识当成神佛,这就是受了理障。

事障和理障,前者麻痹五官,只是个头疼脑热;后者是麻痹心脑,属于危急重症。

看透肉体和人性，就看透了人生

原文

躯壳的我要看得破，则万有皆空，而其心常虚，虚则义理来居；

性命的我要认得真，则万理皆备，而其心常实，实则物欲不入。

译文

只有看透自己的肉体，才能看透万物，如此则能保持内心的虚空，保持内心虚空就会明白为人处世的大道理；只有看透自己的人性，才能看透世间的真正道理，看透世间的道理就可以保持内心的充实，保持内心的充实，物质的欲望就无法侵入。

度阴山曰

看透肉体的意思是，我们每个人都会死亡；看透人性的意思是，虽然会死亡，可生时不能破罐子破摔，而要活出人样、人性来。看透了肉体和人性，你也就懂得了世间的道理。

从此，你将对物质欲望筑起铜墙铁壁，因为你明白了世间万物生不带来死不带去的道理，这些物质对你毫无用处。明白了这样的道理，你内心自然就会既虚空又充实。虚空，是可以接受一切；充实，是可以不需要一切。

去伪存真方有味

> 原文

面上扫开十层甲,眉目才无可憎;
胸中涤去数斗尘,语言方觉有味。

> 译文

脸上清扫开十层甲壳,眉毛眼睛才不会让人觉得可厌可恨;心中洗掉数斗灰尘,言辞谈吐才让人觉得有趣味。

> 度阴山曰

每个人除了与生俱来的面目之外,还有无数面具,有人有十副,有人有百副。面具不仅能遮住透露在脸上的贪欲,还误导别人将漂亮的面具当作真实的面孔。有些人即使褪去了十层面具,露出的也未必是一张美丽素颜,而是丑陋嘴脸。而所谓心中灰尘,是多年积攒下来的油腻,人到中年时,这种油腻就固定下来,"油腻大叔"至此诞生,他们往往令人作呕。

人人皆有面具,人人皆存油腻,只是有人意识到了,有人没意识到。意识到这点的人更容易去伪存真。

心是什么？你就是答案

【原文】

完得心上之本来，方可言了心；
尽得世间之常道，才堪论出世。

【译文】

完全明白了内心的本来面目，才能说了解了自己的内心；完全明白世间寻常普通的道理，才有资格谈论出世。

【度阴山曰】

人心的本来面目是什么样子的，没有标准答案。有人认为是善，有人认为是恶，还有人认为可善可恶。重要的是，你相信哪个答案，而且肯去身体力行那个答案，才算是真的了解了自己的心。而世间永恒的道理正是，适合你的才是最好的，也就是说，你若相信人性是善，你就发扬内心的善；你若相信人性是恶，那就克制内心的恶念，走向善道。

要在自己身上找问题

原文

我果为洪炉大冶，何患顽金钝铁之不可陶镕；
我果为巨海长江，何患横流污渎之不能容纳。

译文

如果我是一口灼热的熔炉，怎么会担心熔不了真金和钝铁？如果我是汪洋的大海江河，怎么会担心容纳不了冲决堤岸的水和小河沟？

度阴山曰

把瓷器活搞砸的人，向来都埋怨瓷器活过于困难，从来没有想过，你之所以搞砸它，是因为你没有金刚钻。人生中，我们一定有过无数次失败，有人能总结经验，最后成功，有人永远都无法总结出经验，一直失败。而这经验，其实和事情本身无关，只和你的心态有关。这个心态就是：你熔化不了真金和钝铁，是因为你不是熔炉，和真金、钝铁无关；你无法容纳小河，是因为你不是大海，和小河无关。

不在自己身上找问题，这就是失败者的典型特征。

人生的能量守恒定律

原文

白日欺人,难逃清夜之鬼报;
红颜失志,空遗皓首之悲伤。

译文

光天化日之下欺凌或欺骗别人,夜深人静时扪心自问必难逃良心的责备;年轻时不能把握自己,做出败坏名誉节操的事,晚年就会悔恨悲伤。

度阴山曰

天道有轮回,人生皆守恒。我将其命名为"人生守恒定律":白天把能量放到别人身上,比如欺骗、欺负他人,晚上就会有东西把这个能量返还你,这个东西就是你的良心;同样,年轻时如果不去做一些有意义的事情,晚年注定会迎来许多悔恨悲伤。

所以人若想内心安定、没有遗憾,就必须遵守正向的能量守恒定律:白天如果付出善行的能量,晚上就能收获心安理得的能量;少时如果付出奋斗的能量,晚年就能得到无悔人生的能量。如果既想做坏事放浪人生,又想心安理得,那根据人生守恒定律,你是无法安然度过这一生的。

越令我们难受的事，将来越让我们好受

原文

以积货财之心积学问，以求功名之念求道德，以爱妻子之心爱父母，以保爵位之策保国家，出此入彼，念虑只差毫末，而超凡入圣，人品且判星渊矣。人胡不猛然转念哉！

译文

用囤积钱财货物的心去积累学问，用渴求功名的念去渴求道德，用爱护妻儿的心去赡养父母，用保存爵位官阶的方法去保卫国家，虽是两件事，但思考起来几乎没有差别，而如果有这种念头，那就超凡入圣了，人格的判别也像星空与深渊了！世人何不突然改变自己想法猛然醒悟？

度阴山曰

我将这条人生修行定律命名为"老天强人所难"：你越喜欢的，我越不给你；你越不喜欢的，我越给你。

囤积财物让人着迷，积累学问让人痛苦，渴求功名和爱护妻儿都让人向往，但渴求道德和赡养父母却很有难度。根本原因是，财物、功名、妻儿能直戳我们最低级的私欲，但学问、道德、赡养父母却要突破私欲，奔向天理。

很多人都倒在了私欲面前。我们若想超凡入圣，必须要反私欲。越让自己难受的事，将来就越让我们好受。

幸福定律：善念即幸福

原文

立百福之基，只在一念慈祥；
开万善之门，无如寸心挹损。

译文

建立百般幸福的根基，只在于念头的慈爱祥和；开辟万般善良的大门，倒不如心上少些欲望。

度阴山曰

我发现一条"幸福定律"：善念即幸福。如何理解？凡心中常存善念者，看到的事物都是善的。看到的东西是善的，就能心平气和，对大多数人而言，心平气和等于幸福。

如何让我们看所有东西都是善的呢？需要减少你的物质欲望。人一旦想着满足物质欲望，就必须时刻把心提到嗓子眼，心长时间停在嗓子眼，就像得了心脏病一样，惶惶不安。减少欲望，是让心从嗓子眼下沉到它原本的位置，这叫"心在腔子中"。心在腔子中，人会心定神闲，这就是善。

圣贤和俗人，各有千秋

原文

塞得物欲之路，才堪辟道义之门；
弛得尘俗之肩，方可挑圣贤之担。

译文

堵塞住贪求财物的道路，才能开辟弘扬道义的大门；放下肩上世俗的东西，才能挑起圣贤的担子。

度阴山曰

想做人类的导师吗？先把你贪求财物的心熄灭，否则即使受千万人追捧，也是个"邪教教主"；想做圣贤吗？先把世俗的一切都放下，所谓放下，是不在乎世俗评判标准，做你自己本心要做的事，闯出一片和世俗大大不同的天地来，这就是圣贤。

然而，我希望大家都做俗人，俗人不但有血有肉，而且没有人类导师和圣贤那么累。

家是最好的修行地

原文

融得性情上偏私,便是一大学问;
消得家庭内嫌隙,便是一大经纶。

译文

化解融汇性情上的偏颇私念,就是一大学问;调解消弭家庭中的猜疑隔阂,就是一大才能。

度阴山曰

中国社会是人情社会,最基础的人情社会就是家庭。俗话说,家家有本难念的经。人如果能把家庭关系搞得清清楚楚、和和美美,那就是大学问家、大战略家。古人的学问,本质上是处理人际关系的学问,在处理人际关系中修炼自己的性情,这就是真修行。纯粹的知识,如果不能用来修身齐家,那也无用。这是中国文化和其他民族文化的本质区别。中国古代有一门大学问,即:伦理道德。

带你看人生风景的三把钥匙

原文

功夫自难处做去者,如逆风鼓棹,才是一段真精神;学问自苦中得来者,似披沙获金,才是一个真消息。

译文

功夫从难处开始,如逆风行舟,只有不惧艰难,奋勇向前,才可见彼岸;学海无涯苦作舟,获取知识和沙里淘金没有区别,必须勤勉不已,才能得到知识的真谛。

度阴山曰

天下没有免费的午餐,当然更没有不劳而获的事情,有付出才可能有回报。人生是一个不断向上攀登的过程,如果你登过山就知道,爬到半山腰时,心中会产生一种进退维谷的痛苦与恐惧。此时,如果你放弃,就是前功尽弃,一无所获。但如果你咬牙坚持爬到山顶,那就能望到最美的风景。不惧艰难、勤勉不已、坚持到底,是带你看到人生最美风景的三把钥匙。

性格决定一切

原文

执拗者福轻,而圆融之人其禄必厚;操切者寿夭,而宽厚之士其年必长。故君子不言命,养性即所以立命;亦不言天,尽人自可以回天。

译文

性格倔强、偏执的人福气少,性情圆满融和的人福禄多;做事心急火燎的人寿命短,性情宽厚稳重的人寿命长。所以君子不必专门谈论命运,修养心性就足以安身立命;君子也不用特意谈论天意,因为做好自己就可以改变天意。

度阴山曰

性格决定命运,性格也决定寿命。心平气和时心脏跳动慢,心急暴躁时心脏跳动则快。所以,不必去谈什么命中注定,与其说命中注定,不如说性格注定。也不必去谈论什么天意如何,因为天意就是你的心意。人的命运由自己掌握,性格决定命运。

古人喜欢慢性子

原文

才智英敏者,宜以问学摄其躁;
气节激昂者,当以德性融其偏。

译文

才智超群的人,应该用学问收敛浮躁之气;气节高亢的人,应当修养德行来中和他偏激的个性。

度阴山曰

才智超群的人往往心浮气躁,很难脚踏实地,可能会变得随心所欲,此时要让他静下来读书,从而改掉浮躁的毛病。气节高亢的人,往往自以为是真理化身,无法设身处地去理解他人,时间一久,会养成偏激的性情。中国古代人的修身,修的就是个心平气和。所以慢性子的人,往往受到人们的追捧。而才智、气节等优点,固然是人人赞赏的,但若没有慢性子做基础,优点也会变成缺点。

通过大自然，认识你自己

原文

云烟影里现真身，始悟形骸为桎梏；
禽鸟声中闻自性，方知情识是戈矛。

译文

在云遮雾罩中领悟到真实的自己，始知肉身原来是真我的监狱；在鸟叫声中见识自己的本性，才发现感情和识见是攻击人的戈矛。

度阴山曰

在云雾中可以认识真实的自己，在鸟叫声中可以见到自己的本性，这都是大自然的威力。至于是否真能达到此境，人与人则不同，因为经历不同、思想不同，境界当然也不同。不过有一点却是相同的：人类从自己的同类那里很难认识自己，因为人类会掩饰真实的自己。而大自然则不同，它最真实。只有最真实的事物才能让我们看到最真实的自己，这可能就是大自然的吸引力。

知道容易,做起来难

原文

人欲从初起处翦除,便似新刍遽斩,其工夫极易;
天理自乍明时充拓,便如尘镜复磨,其光彩更新。

译文

人的私欲若能在萌芽时祛除,就如同新生小草立刻拔除,最容易成功;天理要从人一有觉悟时就向外扩充,就好比重新打磨带有尘土的镜子,其光彩会更加明亮清新。

度阴山曰

"千里之行,始于足下。"任何事物都是从无到有、从小到大的。人的私欲萌发时并不可怕,可怕的是我们不去阻止它,最后它成为欲望之海。人起初拥有天理时,天理并不强大,但只要你每天念念不忘心存天理,天理就会天下无敌。

但人世间所有的事物,都是知易行难,心存天理也是如此。

人生的完美是浅尝辄止

原文

一勺水,便具四海水味,世法不必尽尝;
千江月,总是一轮月光,心珠宜当独朗。

译文

只需一勺水就可知五湖四海水的味道,所以世间的人情世事未必都要经历;一千条江面的明月其实是一个,所以心性也要如明月一样独自明朗皎洁。

度阴山曰

一个烂苹果,只需要吃一口就可知它是否腐烂,而不用一定把它吃完。有时候我们过于执着某件事时,总认为这是认真,是坚持。其实有时候,我们的这种认真和坚持,只能让自己越来越痛苦。比如爱情,它不是你坚持到底就可以有结果的。强扭的瓜不甜,你扭第一下时就能感觉到,何必再去扭呢?

很多人生问题,往往浅尝辄止就好,而不必尝尽苦乐。

成功的密码是什么

原文

得意处论地谈天,俱是水底捞月;
拂意时吞冰啮雪,才为火内栽莲。

译文

得意时谈天说地,都像是水底捞月般不真实;逆境中吃冰咽雪,经受如此艰苦锤炼,才能如烈火中的莲花一般真实可贵。

度阴山曰

人在得意时往往会夸大自己的成就,或者是对从前的人生进行"选择性讲叙",里面真实的成分低,而虚假的成分高。人只有在逆境中所学到和感知到的一切才是最真实的。所以,我们向一个伟大人物学习时,不一定要学他是怎么成功的,而要看他是怎么失败的。别人的成功,无法复制;但别人的失败,却可以避免。知此,就知道了成功的密码。

为什么你懂得许多道理,却过不好这一生

原文

事理因人言而悟者,有悟还有迷,总不如自悟之了了;意兴从外境而得者,有得还有失,总不如自得之休休。

译文

有些事情的道理,如果是别人让你明白的,总有未能完全理解的地方,还是自己琢磨出来的更加明白;由外界环境而兴起的意境兴致,总会因为外界环境的改变而消失,还是比不上发自内心的安闲自乐。

度阴山曰

人和人之所以会渐渐拉开差距,原因就在于对世界的认知。有人的道理是从别人那里听来的,有人则是在实践中琢磨出来的。同样的老师,教出来的弟子不同;同样一件事,两个人做出来的效果也不同。

任何人对世界的认知都是片面的,所有圣人说的大道理,都是他对这个世界的偏见。你拿别人的偏见来看待世界,你自己的心肯定不乐意,所以二者一定产生矛盾。你既想用别人的道理,自己的道理又不许,争斗之下,你就蒙了。这就是你懂那么多大道理,却仍然过不好一生的原因!因为你的道理和别人的道理在打架。

寡欲不是无欲

原文

情之同处即为性,舍情则性不可见;欲之公处即为理,舍欲则理不可明。故君子不能灭情,惟事平情而已;不能绝欲,惟期寡欲而已。

译文

情感和欲望合在一起就是人性,舍掉情欲就等于舍掉了人性;大多数人都有的欲望就是天理,舍掉欲望则天理也就不存在。所以君子不能灭掉情感,只是做平和情感的事而已;不能断绝欲望,只是期望寡欲而已。

度阴山曰

人性离不开情感,否则就是冷血;天理离不开欲望,否则就是虚无。人之所以为人,有人性,就是因其有情感。大多数人有好色的欲望,所以,喜欢美色就属于天理。我们要做的不是灭掉情欲,更不是断绝欲望,而是寡欲。比如好色,只喜欢自己的老婆,不要到处去拈花惹草,这就符合天理。

无论人性还是天理,都在有情感、有欲望的人身上显现。知此,就知人性是什么、天理是什么了。

看淡一切，才能无畏生死

原文

欲遇变而无仓忙，须向常时念念守得定；
欲临死而无贪恋，须向生时事事看得轻。

译文

若想遇到变故而不慌张，在平时就要不慌不忙；若想面对死亡时不贪生怕死，在生时就要把所有事都看得很轻。

度阴山曰

遇到变故不慌张的人，肯定是在平常生活中不急不恼的人。要想不急不恼，唯有通过平时的修心才能做到。

人之所以怕死，是因为有记忆。我们对某人某事越是看重，临死前就越怕。只有把无论好事还是坏事都看轻，才有可能勇敢地面对生死。

比如，你特别看重家人，特别看重金钱，特别看重人间的生活，那你必然非常恐惧死亡；倘若你看轻这些，死亡不过是"去去就来"。

一念之差，就有可能毁掉一生

原文

一念过差，足丧生平之善；
终身检饬，难盖一事之愆。

译文

一个念头有了差错，足以失去一生做的所有好事；终身检点自己，很难掩盖在一件事上出的差错。

度阴山曰

俗话说，一失足成千古恨。人生就像过一座独木桥，一念之差，就失足掉下了深渊，从此万劫不复。

如果你只是一个普通人，犯了个小错，那还有改正的机会。但若是你身居高位，一旦行差踏错，就能把你之前所有的正确映衬得一文不值。

战战兢兢，如履薄冰，每天都反省今天的自己有什么过失，时时刻刻保持警惕，不要做出让自己后悔终生的事情。

睡觉和吃饭，最见人性

原文

从五更枕席上参勘心体，气未动，情未萌，才见本来面目；向三时饮食中谙练世味，浓不欣，淡不厌，方为切实工夫。

译文

五更从床上醒来，检查自己的内心，精神上没有任何动荡，情绪上也没有任何杂念之时，才能洞见自己的本来面目；在三餐饮食中熟悉人间百味，浓时不欣喜，淡时不厌倦，才是真真切切的修养功夫。

度阴山曰

五更时，天地最安静，人在此时非常有机会听到内心的声音。只有当你没有任何情绪、精神上的动荡时，才能听到内心的声音，这声音的发出者才是最真实的自己。

还有一招可以让你认识到最真实的自己，那就是在饮食中见人性。一日三餐的饮食可以映照出你的模样，如果你可以做到浓时不喜、淡时不厌，这说明你是个修养很好的人，的确拥有真实的修养功夫。为什么吃饭能看出一个人是什么样的人？因为食色性也，食排在第一位，最能见人性。

第二章 应酬

操守与手腕，两手都要硬

原文

操存要有真宰，无真宰则遇事便倒，何以植顶天立地之砥柱！

应用要有圆机，无圆机则触物有碍，何以成旋乾转坤之经纶！

译文

人要坚持操守就要有主见，如果没有主见，就会为外物所左右，怎么能成为顶天立地的中流砥柱呢？行事不可迂阔，要学会随机应变，不会随机应变，遇事就会常受阻碍，怎么能更好地在世间立足，成就大事呢？

度阴山曰

古人善于阴阳结合、刚柔并济。其实就是两手都要硬：操守的手要硬，人必须要有主见，否则就是墙头草；做事的手也要硬，否则就举步维艰。在这个世界上，有人有操守，但遵从本本主义，做事不圆融，所以操守只能成为私人的鉴赏物品，对自己和社会没有任何贡献。而有人做事圆润，却没有操守，结果成了真小人。

古人讲中庸，讲平衡，其实是把心内的操守和心外的手腕完美结合，达到一个平衡、恰到好处的地步。如此，就能内有定海神针，外可长袖善舞，才有可能旋转乾坤。

不要轻易表露内心世界

原文

士君子之涉世，于人不可轻为喜怒，喜怒轻，则心腹肝胆皆为人所窥；于物不可重为爱憎，爱憎重，则意气精神悉为物所制。

译文

与人交往，不要轻易向外界展露我们的喜怒哀乐，若情绪轻易波动，则内心世界容易被人看得一清二楚；待物处事，不可轻易表达爱憎喜恶之心，否则，精神情操容易被外物所牵制。

度阴山曰

喜怒哀乐等情绪中庸地发，就是天理；如果多发或者少发，就是人欲。你无法看清他人的内心世界，只能通过其喜怒哀乐等情绪推测到，他发得越多越容易被人看出。

爱憎喜恶同样如此，你如果是"浅碟子"，看到美女就流口水，看到野兽就恐惧，别人就能轻易看透你。我们不轻易表露自己的情绪和偏好，并非不给他人了解我们的机会，而是轻易表露自己的内心世界，本身就不是绅士的行为。

完美主义本身就是缺陷

原文

倚高才而玩世，背后须防射影之虫；
饰厚貌以欺人，面前恐有照胆之镜。

译文

自恃才高而玩世不恭的人，要提防背后有人阴谋陷害；伪装忠厚来欺骗别人，要当心被人当面戳穿真相。

度阴山曰

我将其命名为"完美缺陷主义"：当你很完美时就是最大的缺陷。比如，当你很有钱又长得帅时，就会受万人嫉妒；当你才华横溢却又玩世不恭时，别人在梦中都想弄死你。

人当然不是完美的，即使完美，也要让自己"生出"一点儿缺陷来，有缺点的完美才能接地气，才能让他人对你减少嫉妒，从而把你当成自己人。

事物是简单的,而你是复杂的

原文

心体澄彻,常在明镜止水之中,则天下自无可厌之事;
意气和平,常在丽日光风之内,则天下自无可恶之人。

译文

一个人如果身心简单,好像是一面镜子或静止的水面,那么世界上就不会有让自己感到苦恼的事情;一个人如果遇事心平气和,好像每天都在暖阳之下,那么世界上就不会有让自己感到讨厌的人。

度阴山曰

事物是简单的,而你是复杂的。当你变得复杂后,事物就不简单了。一面明镜,物来则照,物是什么就照出来什么,这是简单;一面斑驳的镜子,物来也照,可照不出物的本来面目,这是复杂。我们总是感觉世界复杂,可世界其实很简单,是你自己复杂,才把世界想得过于复杂了。你总觉得世界上的人都和你作对,他们很讨厌,那只是因为你在争抢。如果你心平气和,不争不抢,你会发现,世界上的人都那么可爱。

不迁就邪恶，不计较得失

原文

当是非邪正之交，不可少迁就，少迁就则失从违之正；值利害得失之会，不可太分明，太分明则起趋避之私。

译文

在是非邪正纠缠的关头，不能有一丁点儿迁就，否则会丧失从善弃恶的立场；在关系个人利害得失的问题上，不要斤斤计较，否则会产生趋利避害的私心。

度阴山曰

邪恶不是自己生长出来的，而是依赖他人的迁就甚至纵容。要想让正义战胜邪恶，只有一条路：不迁就邪恶，无论是自己的还是他人的。

当我们在谈到利害得失时，就已经错了。利害得失之心一重，肯定会生出趋利避害的行为，而趋利避害就会生出私心。

尊严与金钱，该选哪个

原文

苍蝇附骥，捷则捷矣，难辞处后之羞；萝茑依松，高则高矣，未免仰攀之耻。所以君子宁以风霜自挟，毋为鱼鸟亲人。

译文

苍蝇落在骏马尾上，奔跑速度是快了，可无法洗脱依附在马屁股上的这份耻辱；茑萝依附在松树上，攀缘的高度自然很高，但免不了攀附别人的这份耻辱。所以有志向的人宁可冒风霜而自我勉励，也不愿像豢养着的鱼和鸟讨好人类那样去献媚。

度阴山曰

赚钱有两种姿势，一种是站着赚，一种是跪着赚。

有人在金钱和尊严面前，会选择尊严；有人在金钱和尊严面前，会选择金钱；还有的人心中，根本就没有尊严，只有金钱。

请问，你是哪种人？你想成为哪种人？

牛人眼中，没有好坏

原文

好丑心太明，则物不契；贤愚心太明，则人不亲。士君子须是内精明而外浑厚，使好丑两得其平，贤愚共受其益，才是生成的德量。

译文

分别美丑的心太过明确，则无法与事物相契合；分别贤愚的心太过清楚，则无法与人相亲近。内心应该明白人事的善处与缺失，处事却要以仁厚相待，使美丑两方都能得到平等，贤愚都能受到益处，这才是上天生育我们的德意和心量。

度阴山曰

将爱憎分明的心理表现出来，就会伤害别人，久而久之变得曲高和寡，不受人喜爱。真正的君子，应该做到内心黑白分明，但处事圆融浑一。以工作为例，领导应该清楚下属的能力高低，但你对待他们不能有好恶之心，能力强的便给他更具挑战性的工作，能力弱些的就给他力所能及的工作。无论对方是贤是愚，都能从你那儿得到帮助，达成自我价值的实现，这才是君子的气度和涵养。

人生的失败在于误判

> 原文

伺察以为明者,常因明而生暗,故君子以恬养智;奋迅以为速者,多因速而致迟,故君子以重持轻。

> 译文

把洞察世事当成明智的人,可能会因为自视精明而掉入愚暗,所以君子要以恬淡平和的心态培养智慧;把奋飞疾跑当成迅速利索的人,可能会欲速而不达,所以君子要以沉稳谨慎的态度对待小事。

> 度阴山曰

有人把鸡毛当令箭,而有人是刀子嘴、豆腐心。人生的很多失败是因为误判,而之所以误判,一是因为我们着急;二是因为我们自以为是。欲速则不达,自以为是就可能把耍滑头当成大智慧。

做好事后，你希望的回报方式是什么

原文

士君子济人利物，宜居其实，不宜居其名，居其名则德损；士大夫忧国为民，当有其心，不当有其语，有其语则毁来。

译文

君子帮助别人，要讲究实实在在的帮助，不能图名，如果是图名，那肯定会损失自己的德；大丈夫为国为民办事，应从心底实实在在地有为国为民的思想，而不能有言无行，有言无行必会受到他人的诋毁。

度阴山曰

当我们帮助别人时，有两种回报方式。第一种是帮助别人后，宣扬自己的名声，得到别人的称赞；第二种是默默隐藏自己做好事的行为，暂时什么都没得到。第一种方式是人世间给你的回报方式，提高名声本身就是回报，所以也就没有其他回报了。第二种方式是老天给你的回报，暂时得不到什么，但之后你就会收获内心的舒畅，或是子孙后代的融洽。

圣人行善，从不奢求世间的回报，因为这回报太小。圣人只求天给他回报，要么是舒心，要么是天下太平。

君子对自己不"双标"

原文

遇大事矜持者，小事必纵弛；处明庭非检饬者，暗室必放逸。君子只是一个念头持到底，自然临小事如临大敌，坐密室若坐通衢。

译文

遇大事不能当机立断而扭扭捏捏的人，一定是在平常处理细小事情上放纵松弛惯了；在公共场合不注重自己装饰的人，一定是在私人空间多放逸。君子做事，要使用同一个标准，这样自然养成习惯，遇到小事也能谨慎处理，即使坐在密室独处，也好像站在大街上，行为举止得体。

度阴山曰

"双标"指的是双重标准，对别人是一种标准，对自己则是另一种标准。其实最具危害性的"双标"往往是对自己，人前一个样，人后一个样。

一旦确定一个标准后，哪怕这个标准相对较低，都要坚持下去。绝不能在别人监督时是一个标准，独处时又是另一个标准。标准的高低不重要，重要的是要统一。

谁人背后无人说

原文

使人有面前之誉,不若使其无背后之毁;
使人有乍交之欢,不若使其无久处之厌。

译文

让人当面赞誉自己,倒不如让人不要在背后毁谤自己;令人对自己产生刚交往的欢喜,倒不如相交久了而不令对方厌恶。

度阴山曰

我将其命名为"人人说人"理论:哪个人前不说人,谁人背后无人说。所以,让人当面赞誉自己容易,而且也正常;但让别人在背后不说你的坏话,那可就相当难了。

即使你身上没有任何瑕疵,都会被别人编造出点瑕疵来。所以,如果自己已心安,那就让别人说去吧。我们不是人民币,做不到让所有人都喜欢。

启迪人心，由低到高

原文

善启迪人心者，当因其所明而渐通之，毋强开其所闭；善移易风化者，当因其所易而渐及之，毋轻矫其所难。

译文

善于启发人心的人，会按对方明白事理的程度逐渐使之通晓，绝不勉强去开导他不能通明之处；善于改变风俗的人，从来都是从简单、容易的风俗习惯开始转变，而不会从难的地方开始。

度阴山曰

对着一头猪弹钢琴，你毫无成就不说，猪还特别不高兴。要启发猪的心，就要和它谈猪食。我们和他人沟通也一样，必须看人下菜碟。遇高人则谈阳春白雪，遇俗人则谈吃喝玩乐，这就是善于启迪人心。

那么，如何改变一头猪的恶习呢？从最简单的吃东西别吧嗒嘴开始。如果你一上来就和猪说，要用筷子吃东西，猪一定和你急。启发人心和改变他人，本就是一回事，都要由低到高、由浅入深。

得意而忘形

原文

彩笔描空，笔不落色，而空亦不受染；利刀割水，刀不损锷，而水亦不留痕。得此意以持身涉世，感与应俱适，心与境两忘矣。

译文

用蘸了色彩的毛笔在空中描绘，笔上颜色不失，而空中也不会被颜色沾染；用锋利的刀去切割水，刀刃不会受损，水也不会留下刀割的痕迹。明白这个道理，也就知道如何为人处世，有感必有应，内心和外境合二为一。

度阴山曰

用彩笔在空中写字是不较真、不留恋，以刀断流水同样如此。有些事情只需要我们坚持去做，并不一定要有结果，如此才能感而应，才能心和外物合一。

忍耐自己的情欲，宽恕别人的情欲

原文

己之情欲不可纵，当用逆之之法以制之，其道只在一忍字；人之情欲不可拂，当用顺之之法以调之，其道只在一恕字。今人皆恕以适己而忍以制人，毋乃不可乎！

译文

自己的情欲不但不可放纵，而且须加倍克制，其根本方法只一个"忍"字；对待他人的情欲则不要强硬反对，而应当以因势利导的方法加以调节，其根本的方法在于一个"恕"字。现在的人恰好相反，对自己宽恕，对别人严厉，这是绝对不可取的。

度阴山曰

古人说，让自己和别人舒服的方式是严于律己，宽以待人。在情欲上，更是如此。如果我们不能严格控制自己的情欲，那就会给别人带去麻烦，也会给自己带来麻烦，所以必须要忍——控制自己，不要随便释放情欲。

如果我们总是对别人的情欲加以控制，那就是狗拿耗子——多管闲事，耗子会反咬你。

能察而不察，能胜而不胜

原文

好察非明，能察能不察之谓明；
必胜非勇，能胜能不胜之谓勇。

译文

能观察并非明智，能观察而不观察才算明智；一定能取胜并非勇敢，能够取胜而又不去取胜才可称为勇敢。

度阴山曰

看破不是真本事，看破而不说破才是真本事。首先，你所看到的不一定是真相，所谓看破可能只是幻觉，不是最好的选项；其次，第一个说破的人，会成为众矢之的，"木秀于林，风必摧之"。有钱不是真本事，有钱而不炫耀自己有钱，才是真本事。遗憾的是，世界上有真本事的人太少，而炫耀自己有钱的人太多。

顺势而动，就像和风消酷暑

原文

随时之内善救时，若和风之消酷暑；
混俗之中能脱俗，似淡月之映轻云。

译文

在顺应时势中善于救治时弊，好似习习凉风清除酷暑炎热；在与世俗混杂共处时能超凡脱俗，好似淡淡月光透出轻浮的云层。

度阴山曰

时代抛弃没有跟上的你时，连声招呼都不打。如果拯救时弊是顺应时势的，那就如凉风清除酷热，酷热根本没有还手之力，就会被凉风消灭。我们每个人就好像是酷热一样，我们也许不会被对手干掉，也不会自我牺牲，但会被时势的凉风消灭，而且人家根本就不是特意来消灭你的，人家就是来转一圈。所谓"降维打击"不过如此：别人做好了自己的事，你就被干掉了。

不被时势干掉的办法只有两个，一个是紧跟时势，如果跟不上，那就顺势而为。

出世入世皆是修行

原文

思入世而有为者，须先领得世外风光，否则无以脱垢浊之尘缘；

思出世而无染者，须先谙尽世中滋味，否则无以持空寂之苦趣。

译文

要投身社会建功立业的人，先要看看世外的风光，否则将来就不能脱离红尘污垢的熏染；要远离社会而修行的人，先要在社会上锻练几年，有所经历，否则将来很难忍受空寂的生活之苦。

度阴山曰

"干啥都不容易。"这是很多人都喜欢说的一句话。对于大多数人而言，的确如此。那些"佛系"的人要"躺平"，却不知"躺平"也不容易，倘若不去社会上经历些艰辛，是不可能躺老实的。那些意气风发的人要建立功业，如果不知大自然的神圣美妙和世外的纯真，在社会上很容易迷失自己。无论干什么，都不轻松。人生在世，处处是修行，而且这种修行都是逆着你的想法来的。

唯有经历不同于现在的生活，才会更加热爱现在的生活。

慎始才能善终

原文

与人者,与其易疏于终,不若难亲于始;
御事者,与其巧持于后,不若拙守于前。

译文

和他人交往,与其最后轻易地疏远分手,不如在开始亲近时慎重一些;接受一个工作,与其最后凭借机巧收拾残局,不如开始时就用笨方法做好点点滴滴。

度阴山曰

有句话叫"早知如此,何必当初",说的就是我们常常冒失地开始一件事,最终却以失败告终。无论是和他人结交还是做一件事,开头最重要。人生是条不归路,所以绝对不能骑驴看唱本——走着瞧,而是要开好头。开头开得好,就等于成功了一半。而如果开不好头,那失败的概率就大大增加了。

知道解药在"当初"后,那就能谨慎地做好每一件事的开头,即使没有成功,也不会留下遗憾。

要重视小问题

原文

酷烈之祸，多起于玩忽之人；盛满之功，常败于细微之事。故语云："人人道好，须防一人着恼；事事有功，须防一事不终。"

译文

惨烈的灾祸，多由玩忽职守而造成；盛大圆满之功，会被一些微不足道的小事破坏。所以古人说："在所有人都说你好时，要提防有人对你使坏；每件事都做得特好时，要防备有一件事做不好而坏了整体。"

度阴山曰

据说潘金莲支撑窗户的竿子改变了《水浒传》的故事走向：如果不是她的竿子掉下来，就不会砸到西门庆，西门庆就不会知道她，也不会和她勾搭。倘若西门庆不和她勾搭，就不会毒死武大郎。不毒死武大郎，武松就不会杀西门庆而坐牢。武松不坐牢就不会上梁山，不上梁山就不会受朝廷招安。武松不受朝廷招安就不会去平方腊，结果把方腊生擒。如果没有武松，方腊就不会被擒，就会继续和北宋政府作对，说不定会灭亡北宋……

小事经过蝴蝶效应不断发展后，酿成了大事。你的每一个小行为，都会引起连锁反应，所以一定要约束自己的行为。

功名富贵都是过眼云烟

原文

功名富贵,直从灭处观究竟,则贪恋自轻;
横逆困穷,直从起处究由来,则怨尤自息。

译文

功名富贵,直接从它的灭失处观看结局,贪图依恋之心就会减轻;横祸困穷,直接从它的缘起处追究原因,就不会再怨天尤人。

度阴山曰

当你离开人世时,一切你掌握的功名富贵都会消失,更惨的可能是还活着时,功名富贵就已不见。而且即使你留下功名富贵又能如何?已与你无关。想到这里,你就不应该再贪恋富贵。至于穷困潦倒,所有人的穷困潦倒的根由,要么是命,要么是源于自身。如果是命,那就受着;如果是自身原因造成的,那也不必怨天尤人。

人生一世,最终都是空。知道这点,你就知道应该怎么活了。

辩证看待担当之事

> [原文]

宇宙内事要力担当,又要善摆脱。不担当,则无经世之事业;不摆脱,则无出世之襟期。

> [译文]

世间应该是你做的事,既要尽力担当,又要善于摆脱。不勇于担当则无法成就伟大事业,不善于摆脱则不会有超凡脱俗的志气。

> [度阴山曰]

赚钱养家就是你应该做的事,但你不能完全陷在这些鸡毛蒜皮的小事中,应该尽量跳出来做大事,这更是担当精神。没有这种担当精神也就不可能有超凡脱俗的志气去做大事。

愚者认为这是矛盾的,智者会说这是统一的。

"慢慢来"的智慧

原文

待人而留有余，不尽之恩礼，则可以维系无厌之人心；御事而留有余，不尽之才智，则可以提防不测之事变。

译文

对他人施予恩情和礼遇时，要循序渐进，不要穷尽，这样才能维系永不满足的人心；处理问题时，不要一下用尽全部才能和智慧，这样才能提防难以预料的变故。

度阴山曰

有一种智慧叫"细水长流"或者是"慢慢来"。我们给予他人帮助时，固然要真心实意，但绝不能一下全把肺腑掏出来，要细水长流。解决问题也是如此，必须要留一手、藏一招儿。人类历史上所有的好事，其实都是靠三个字造就的，那就是"慢慢来"。慢就是快。

念头还在，事情就没完

原文

了心自了事，犹根拔而草不生；
逃世不逃名，似膻存而蚋仍集。

译文

能了结心中的念头就能了结事情，犹如拔草时连根拔起，杂草永不再生；只是逃离尘世而不逃避声名，如同腥膻之气残存，蚊蚋仍然还会聚集。

度阴山曰

很多事情看似结束了，但如果念头还在事情上，那事情就远没有结束，比如物质欲望，虽然不再吃猪头肉，但还想吃螃蟹。尘世是空的，声名才是实的，躲掉空的却还有实的在，等于没有躲。你心中烂肉一堆，即使涂脂抹粉，走到天涯海角，仍然是苍蝇最喜欢的人。

"没想到"就是人生

原文

仇边之弩易避,而恩里之戈难防;
苦时之坎易逃,而乐处之阱难脱。

译文

从仇敌那里射来的箭容易避开,从好友那里投来的矛却难防;苦难中遇到的坑洼容易跳开,欢乐时碰上的陷阱却难以躲避。

度阴山曰

人生中让人无奈的五个字就是:万万没想到。万万没想到朋友从背后捅了自己一刀;万万没想到大江大浪都闯过了,却在小河沟里翻了船。凡是你想到的事很大概率不会发生,凡是发生的事往往是你万万没想到的。

万万没想到,就构成了我们啼笑皆非的人生。

君子不做坏事，不留好名

原文

膻秽则蝇蚋丛嘬，芳馨则蜂蝶交侵。故君子不作垢业，亦不立芳名。只是元气浑然，圭角不露，便是持身涉世一安乐窝也。

译文

又臭又脏的地方往往招引苍蝇、蚊子来吸食，而芳香的地方则招引蝴蝶、蜜蜂来踩踏。所以君子不要做坏事，也不要留好名。只要本色生活，不露英雄痕迹，就是为人处世的一个安乐窝。

度阴山曰

鱼找鱼，虾找虾，乌龟找王八。同理，苍蝇找脏臭的烂水坑，蜜蜂找芳香的花朵，烂水坑和花朵都受到伤害。于是人们发现，万不可让自己变成烂水坑，但也不要让自己成为花朵，你具备了哪种味道，就会引来哪种人。那怎么办呢？

办法很简单：不臭也不香。不做坏事，也不要为了美名而做好事，因为无论是恶名还是美名，都会引来不断的批评和赞美，这批评和赞美终会动摇你的意志，让你如木偶一样随着它们而起舞，做自己，才是正途。

静中观动,闹中取静

原文

从静中观物动,向闲处看人忙,才得超尘脱俗的趣味;遇忙处会偷闲,处闹中能取静,便是安身立命的工夫。

译文

从静中观察万物的运动,从清闲中看忙碌的人类,才能获得超凡脱俗的乐趣;忙时能偷闲,闹中能保持安静,如此才能让精神和生活都有所寄托。

度阴山曰

身在其中,永远无法观察到真实。如果你是头驴,你就不能在驴群中观察同类,必须要跳出来。在动中观静,在静中看动,不但能看到真实,还能看到乐趣,更能悟到人生真谛。

不求有功，但求无过

原文

邀千百人之欢，不如释一人之怨；
希千百事之荣，不如免一事之丑。

译文

邀请千百个人来狂欢，不如消除一个人对你的怨恨；企图通过做千百件好事来博取名声，不如避免做一件错事而让自己出丑！

度阴山曰

你让千百人欢乐，千百人未必给你多大好处，可如果你有一个仇人，那他肯定会给你带来坏处。做太多的好事也未必给你带来多大利益，可你只要做了一件坏事，就可能受到惩罚。

人必须有衡量利害的能力。拥有这种能力，你才能知道，什么事该做，什么事不该做。

人人都喜欢酒肉朋友

原文

落落者,难合亦难分;欣欣者,易亲亦易散。是以君子宁以刚方见惮,毋以媚悦取容。

译文

不合群的人难成朋友,但成为朋友后则难以分开;容易亲近的人容易靠近,但也容易分离。所以君子宁可让别人不喜你的不合群,也不要为取悦别人而卖笑,让人感觉你特容易靠近。

度阴山曰

有两种朋友:一种是酒肉朋友,永远对你保持着微笑,永远信誓旦旦为你两肋插刀;另一种是交往淡如水的朋友,永远给你的感觉是不亲不疏,可遇到事情时,对方是真上啊。

每个人都希望结交后一种朋友,但每个人最喜欢的都是第一种朋友。交朋友和叶公好龙没有区别,所以当有事时,绝大多数人都找不到朋友帮忙。这不能怪对方,因为这是你自己的选择。

爱他人，才是真正的爱自己

原文

意气与天下相期，如春风之鼓畅庶类，不宜存半点隔阂之形；

肝胆与天下相照，似秋月之洞彻群品，不可作一毫暧昧之状。

译文

意气与天下人相期许，如同春风吹过大地，激发万物生长，不应有半点的阻碍；肝胆与天下人相映照，好比秋天明亮的月光照彻万物，不应有丝毫模糊暧昧。

度阴山曰

人天生有两样改变世界的能量，一是意气，二是肝胆。要和天下人肝胆相照，要和天下人意气相投，只有在天下人中才能取得自己的天下。爱天下人就等于爱你自己，爱自己要先从爱天下人开始。但很多人想不通这点，以为想要得到，就必须先顾自己，先爱自己。结果自私自利，最后什么都得不到。

正确的活法是"穿越"到将来

原文

仕途虽赫奕,常思林下的风味,则权势之念自轻;
世途虽纷华,常思泉下的光景,则利欲之心自淡。

译文

做官虽然显赫盛大,如果想想退隐后的滋味,贪求权势的念头自然会少些;人生旅途虽然缤纷繁华,倘若想想死后的情况,贪求利欲的念头自然会淡些。

度阴山曰

人人都讲活在当下,《菜根谭》认为这种活法不对,正确的活法应该是"穿越活法":做官时请穿越到退休时,活着时请穿越到死掉时,看看那时的凄凉情境,大概现在所有的恶念都会减少许多。

但是,人就是鼠目寸光的动物,他不会去看未来,他只关注当下。尤其是当下越红火、越威风,他越是不肯去想未来,因为他认为,他将永远立于不败之地:永不退休、永不死亡。

来得早不如来得巧

原文

鸿未至先援弓，兔已亡再呼矢，总非当机作用；风息时休起浪，岸到处便离船，才是了手工夫。

译文

大雁还没来就拉弓等待，兔子已逃跑才射箭，这都是没有抓住时机而当机立断；风停时浪就停，船到岸了便离船，这才是把握时机做成事的功夫。

度阴山曰

我们常说：来得早不如来得巧。来得晚肯定没戏，来得早也不一定有戏，只有来得巧才能看到大戏。至于如何获取"来得巧"的技能，这不是下苦功就可以拥有的。时机在我们每个人的人生中都会出现，但你只需抓住一次，人生就会好过许多。那些高质量的人，无非是比你多抓住了一次或者两次的时机而已。

"公道话"很少公道

原文

从热闹场中出几句清冷言语,便扫除无限杀机;
向寒微路上用一点赤热心肠,自培植许多生意。

译文

在复杂场合中,说几句不中听的公道话,便能化解许多麻烦;对贫困的人,用一点儿热心肠,就能培养其活泼生机。

度阴山曰

《菜根谭》这段话,需要辩证地看。当在乱糟糟的场合听到有人说"我说句公道话"时,有两种情况:第一种是说话的人诗歌毛头小子,不仅没法化解麻烦,反而会给自己惹麻烦;第二种是说话的人是权威,那这不中听的公道话便能起到应起的作用。不公道的话无法化解麻烦,反而会火上浇油;不中听的话也无法化解麻烦,只能是扬汤止沸。我们给予对社会失去信心的冷血人以热心肠时,也要考虑这人为什么会对社会失去信心,不然就会重演"农夫与蛇"的故事。

顺其自然的威力

原文

随缘便是遵缘，似舞蝶与飞花共适；
顺事自然无事，若满月偕盂水同圆。

译文

遵循事物的规律就是在让事物发展，如同飞舞的蝴蝶和纷飞的花朵共存；接受事物发展，自然就能使其轻松发展，如同满月与盛水容器中映照的月亮同圆。

度阴山曰

遵循事物的规律就如同蜜蜂和蝴蝶会去采花蜜一样自然，不遵循事物的规律就如同拔苗助长，看似做了很多事，其实什么都没做，而且还让事情失控了。

接受事物的自然发展，而不是推动其发展，比如，控制心情的最佳办法不是让自己不发火，而是去做些让自己高兴的事。孟子说过，我和告子的"不动心"不同，告子是不让心动，我则是让人去做心平气和的事，如此心自然不动。明白了这个道理，就明白了顺其自然的重要性！

人要去事上磨炼

原文

淡泊之守，须从浓艳场中试来；镇定之操，还向纷纭境上勘过。不然操持未定，应用未圆，恐一临机登坛，而上品禅师又成一下品俗士矣。

译文

淡泊名利的操守，只有去艳丽浮华的名利场中才能检试出来；不动如山的操守，只能在纷纭复杂的环境中才能检测出来。如果不这样，一旦有机会登坛讲法，貌似道行高尚的和尚，立即变成一个还未出家、品位低级的俗士了。

度阴山曰

有人问心学大师王阳明："平时无事，我常常在心中模拟遇到事情时的反应，效果极佳。可一遇事，立即心慌意乱，手足无措。这是怎么回事？"

王阳明告诉他："你这是未经事的原因，人必须要去事上磨炼，才能立得住。否则，不遇事时是圣人，一遇事就露馅儿。"

那么，去事上到底练什么呢？自然是练心，你对名利有欲望，就去名利场上练少私寡欲的心；你没有胆量，就在黑夜去羊肠小道练大胆的心。你要让内心强大，就只能通过事上磨炼，才能如愿。除此，毫无办法。

吃肉不要吧嗒嘴

原文

廉所以戒贪，我果不贪，又何必标一廉名，以来贪夫之侧目；让所以戒争，我果不争，又何必立一让的，以致暴客之弯弓。

译文

清廉是用来警戒贪婪之人的。我不贪婪，又何必标榜一个清廉的名声，招来贪婪之人愤恨斜视。谦让是用来警戒争斗之人的。我不争斗，又何必树立一个谦让的靶子，招致残暴之人弯弓射击。

度阴山曰

盲人需要手杖，如同贪婪之人需要清廉之戒。如果是个眼睛正常的人，非要拿根手杖而且到处给人看手杖，这就必然给自己招来麻烦。双腿残疾的人需要轮椅，如同爱争斗之人需要谦让之戒。如果双腿很健康却仍然坐轮椅，又四处让人看轮椅，这会给他带来祸患。

你是不是经常这样做？这叫吃肉吧嗒嘴——招人恨。

有事没事，都别闲着

> **原文**

无事常如有事时，提防才可以弥意外之变；
有事常如无事时，镇定方可以消局中之危。

> **译文**

平安无事时，要像有事时那样提高警惕，如此才能在发生意外时抢占先机，赢得主动；事情来临时，要像平时无事时那样冷静镇定，冷静镇定才能消解危局。

> **度阴山曰**

有事时要往最好处努力，无事时往最坏处想，但往最好处努力。

无事常如有事时，是一种奋发有为、主动作为的精神状态，是一种强烈的忧患意识和责任担当。只有具备了奋发有为、主动作为的精神状态，才能在有事时具备责任担当，从而冷静镇定，消解危局。

只管助人,其他的事交给老天

原文

处世而欲人感恩,便为敛怨之道;
遇事而为人除害,即是导利之机。

译文

在为人处世中做一点儿功绩却总想要他人感恩,就会为自己招来怨恨;面对问题而为他人除去麻烦,就是为自己创造机遇。

度阴山曰

想要让别人恨死你吗?先帮他,然后让他回报你。如果他不回报你,你就不停地让他回报你。想要给自己创造无限机遇吗?帮别人解决麻烦,解决掉麻烦后,千万不要试图让人家回报你。或许会有人问,如果不让别人回报我、帮助我,我的机遇在哪里?

你的机遇在老天那里,你只管助人,其他让老天来安排。

做人要内重外轻

原文

持身如泰山九鼎凝然不动,则愆尤自少;
应事若流水落花悠然而逝,则趣味常多。

译文

坚持自己的价值观如泰山和九鼎那样不动摇,那过错会自然减少;应对事情如流水落花一样去而不返,趣味就会增加很多。

度阴山曰

古人讲"外圆内方",意为做人要方,做事要圆。这里讲的是要"内重外轻":心内要有如泰山般重得不轻易动摇的价值观;做事要如流水落花一样顺应事情发展轨迹,轻轻地不着痕迹。如此,做人和做事都会达到巅峰。

进一步思考,无论是外圆内方还是内重外轻,方圆和轻重不可能单独存在。也就是说,一个真能坚持价值观的人必须是个顺应事情发展轨迹的人,倘若只闷头坚持自己的价值观而做事不圆润,那也一事无成。价值观不是用来自我欣赏的,是要到事情上去验证的。内方要外圆,否则内方就是个棺材。外圆时若没有内方做"定海神针",外圆就会把自己变成势利小人。

每个人都在算计和谁交往更有利

原文

君子严如介石而畏其难亲,鲜不以明珠为怪物而起按剑之心;

小人滑如脂膏而喜其易合,鲜不以毒螫为甘饴而纵染指之欲。

译文

君子的性情就像石碑一样刚直坚硬,给人的感觉是难以亲近,所以让人心生戒备;小人圆滑如脂膏,所以虽然本质有毒,但还是让人产生亲近欲望。

度阴山曰

君子是明珠,虽然高冷,可我们还是应该和君子交往。小人如同毒物,哪怕再容易亲近,我们还是应该对其能躲就躲。原来,人们并不会因为你难以接触就不喜欢你,也不会因为你特别容易接触就喜欢你。归根结底,我们和他人往来,全在于对方的品格。

所以,人亲近的不是情感,而是理性:和君子交往,君子不会陷害自己,甚至可能给自己带来好处,小人恰好相反,这就是理性。于是,大家都喜欢和君子交往,不喜和小人结交。

慢半拍和快半拍不如正好合拍

原文

遇事只一味镇定从容,纵纷若乱丝,终当就绪;
待人无半毫矫伪欺隐,虽狡如山鬼,亦自献诚。

译文

遇到事情只要坚持镇定从容,即使乱如一团麻,也必能理出头绪来;对待别人没有半点儿虚假,即使是狡猾如山鬼那样的人,也会被感动而真诚待你。

度阴山曰

有两种人,一种是遇事快半拍,另一种是遇事慢半拍。快半拍的人遇事即慌,等事情差不多解决了,他才从容下来;慢半拍的人遇事看上去非常冷静,其实心中没有任何头绪,等事情已发展得不可收拾,他才进入状态。

我们要达成这两者的中庸状态,遇事时要做到冷静,就必须在平时无事时修炼自己的脾气、心气。好脾气告诉你,慢慢来;心气则告诉你,这才多大点事儿啊。二者结合,万事可解。

古人常常将"诚能动天地"挂在嘴边。诚的前提是自己不亏。他人即使不被感化,你也未受损失。只要不停地以诚待人,总有人会被感动。没被你诚意感动的不必记住,你只需记住被你诚意感动的即可。最后,你会发现,诚意真的可以感动所有人。

佛祖为什么被蝎子咬

原文

肝肠煦若春风,虽囊乏一文,还怜茕独;
气骨清如秋水,纵家徒四壁,终傲王公。

译文

仁爱的人如春天的暖风,即使身无分文仍会同情、怜悯孤独无靠的人;拥有如秋水般冷酷气节的人即使穷得叮当响,却仍能傲视权贵。

度阴山曰

佛去拯救落在水中的蝎子,蝎子蜇了他一下。但他又去拯救,又被蝎子蜇了一下。弟子说:"它总害你,为何还要救它?"

佛说:"蜇人是它的本性,拯救生命则是我的本性。"

所以当你拥有了自己的本性后,你所做的一切事都是本性命令下的本能行为。一个善良的人,无论受多少欺骗都会继续善良下去;一个有傲骨的人,无论多穷都会傲下去。我们坚持自己的本性、价值,绝不能因为别人的攻击而轻易改变。

如果你是按照别人对待你的态度来选择对待别人的方式,那这不是智慧,而是愚蠢。因为别人的态度主宰了你的行为。

但是,佛祖拯救蝎子前,完全可以戴上手套啊!

做好事要不要图回报

原文

讨了人事的便宜，必受天道的亏；
贪了世味的滋益，必招性分的损。

译文

在人事上得了便宜，就会受到老天的亏待；贪图了世间的好处，就会招来人性上的损失。

度阴山曰

做好事当然要图回报。而回报有两种，一种是人给你的回报，另一种是天给你的回报。这两者是"守恒"的。你若要人给的回报，肯定就得不到天的回报；你若想得天的回报，那就不要人给的回报。众所周知，老天给的回报肯定大于人给的回报，但太多的人，只想快点拿到人的回报，而拒绝了老天的回报。

你在世间过于享受，人性就会受到损伤。你过度享受一切，买单的是你的人性。人性如果过度损伤，那你就不是人了。

救急不救穷

原文

费千金而结纳贤豪,孰若倾半瓢之粟,以济饥饿之人;构千楹而招来宾客,孰若葺数椽之茅,以庇孤寒之士。

译文

耗费千两黄金结交贤士豪杰,不如倾倒半瓢粟米来救济忍饥挨饿的人们;建造千间大厦招呼宾客,不如修盖几间茅屋,去庇佑贫寒无依的读书人。

度阴山曰

中国有句古话,叫"救急不救穷"。人在危难时,你给他很少的东西,他就会感恩戴德。而人在温饱时,你给再多的东西,他可能也不会放心上。当然,拯救任何人都会有意义,但你不能对给予他人的恩惠太放在心上。比如救助了一个人,你便沾沾自喜,认为他一定会报恩,那一旦他不报恩,你就只能黯然神伤。

处事的诀窍：因势利导

原文

解斗者助之以威，则怒气自平；惩贪者济之以欲，则利心反淡。所谓因其势而利导之，亦救时应变一权宜法也。

译文

给发怒的人提供宣泄的机会助其发怒，他的怒气就会渐渐平息；对贪欲强大的人给予必要的利益满足，他的贪心就会变淡。这就是因势利导，也是拯救时局、应付突变的一种权宜之计。

度阴山曰

对待怒气，无论是自己的还是他人的，都要提供宣泄的机会。而对于贪欲强的人，给予必要的利益满足就能让他贪心变淡。这就叫因势利导。因势利导好似大禹治水，水喜欢哪里就让它去哪里，但它去的路线，必须要由你来设计。比如怒气，不能随意宣泄；比如利益，不能随意给予。凡此，才是因势利导，反之就是纵虎归山。

学会顺势而动

> 原文

市恩不如报德之为厚。雪忿不若忍耻之为高。要誉不如逃名之为适。矫情不若直节之为真。

> 译文

讨好他人，不如报答他人恩德来得厚道。沉冤昭雪不如忍受耻辱来得高明。邀取好的名声，不如拒绝名声来得自适。故意违背常情自命清高，不如只有操守而活得真实。

> 度阴山曰

施恩别人是主动，报答他人则是被动，主动不如被动。追求好的名声是主动，淡泊名利则是被动，主动又不如被动。刻意鹤立鸡群是主动，平平淡淡的生活是被动，主动还是不如被动。

由此可知，中国传统文化，就是一种"被动"文化。要顺势而动，一旦想自己动，那准出错。

要顺水推舟，不要力挽狂澜

原文

救既败之事者，如驭临崖之马，休轻策一鞭；
图垂成之功者，如挽上滩之舟，莫少停一棹。

译文

挽救败局已定的事，如同驾驭临近悬崖的烈马，千万不能轻易加上一鞭；谋取即将成功的胜利，一定要竭尽全力，如同划着逆流而上的船，千万不能少划一桨。

度阴山曰

至少有三分之一的事会夭折。当败局已定时，我们唯一能做的就是不要再动它，让它死得慢一些。另外三分之一的事是倒在黎明前的刹那，也就是即将成功的临门一脚时。在临门一脚时，必须拿出十二分的力量，能用多少力气就用多少力气，绝不能放松。唯有如此，才能做成那三分之一成功的事。

任何时候,都要防备着他人

原文

先达笑弹冠,休向侯门轻曳裾;
相知犹按剑,莫从世路暗投珠。

译文

官场老家伙往往嘲笑刚做官的人,所以准备出去做官的人要明白,不可轻易投靠权贵门下;即使是面对知己你也要按剑而防备,不要随世俗之风,将明珠暗投啊!

度阴山曰

所谓害人之心不可有,防人之心不可无。这句话的本意是让你提防所有人,可问题是,人如果每天都活在提防别人的心思中,那是否还有时间做其他事呢?

这句话可能是正话反说,是让你有机会后不要做"老油条"嘲笑新人,也不要做背叛朋友的那种人。

独享和分享的区别

原文

杨修之躯见杀于曹操,以露己之长也;韦诞之墓见发于钟繇,以秘己之美也。故哲士多匿采以韬光,至人常逊美而公善。

译文

杨修耍小聪明,最终被曹操杀掉;韦诞因不舍将书拿出与人分享,最终被钟繇掘坟取书。所以,通达智慧的人多隐藏才华而韬光养晦,高尚之人多谦逊乐施,与人分享。

度阴山曰

有些东西只能独享,比如小聪明;而有些东西要与他人分享,比如身外之物。一旦搞反,厄运就来了。杨修到处和人家分享自己的小聪明,结果因此被杀。韦诞则是死活都不肯与他人分享身外之物,最后被掘坟取书。

独乐乐不如众乐乐,这要分乐的内容是什么。人生在世,有很多注意事项。独享和分享就是其中一部分,千万要搞清楚二者的界限。

珍惜人生的三十岁到四十岁

原文

少年的人,不患其不奋迅,常患以奋迅而成卤莽,故当抑其躁心;

老成的人,不患其不持重,常患以持重而成退缩,故当振其惰气。

译文

对于年轻人,不怕他不行动迅速,却担心他过于迅速而粗疏鲁莽,故应当抑制他的浮躁之心;对于老人,不怕他不稳重谨慎,却担心他过于稳重而畏缩不前,故应当振奋他的衰惰之气。

度阴山曰

人积累人生资本最好的时候是三十岁到四十岁。进入三十岁,不再年轻气盛却拥有年轻人敢于做事的勇气,离老人的衰惰之气还远,但已明白持重的重要性。

古人总是讲究度。三十岁到四十岁,正是在年轻人的奋迅与老年人的持重中间最好的度。

有一种鸿沟,叫起点不同

原文

望重缙绅,怎似寒微之颂德;
朋来海宇,何如骨肉之孚心。

译文

名望贵重的缙绅,怎么能像贫寒的平民百姓歌功颂德;四海之朋,很少像有血缘关系的那样坦诚相对。

度阴山曰

有些人一起步就是高车大马、仆从如云,而有些人则低贱到尘埃中。所以,那些靠家族就能活得很好的人不屑于为他人歌功颂德,而出身卑微的人必须要歌功颂德。人与人最悲惨的不平等莫过于此。等到好不容易爬到和起步高的人一样的位置,以为真能和这些人平起平坐了,结果发现,你们即使面对面,也由于背景不同而无法沟通。

古人常说,打虎亲兄弟,上阵父子兵。说明亲人要比朋友可靠,但坦诚相对却未必。很多人都喜欢把秘密说给朋友听,而很少说给兄弟、父母听。让你的儿子认为你不仅是他爹妈,而且是他朋友,这是做父母的"上乘武功"。

柔能克刚，也只能克刚

原文

舌存常见齿亡，刚强终不胜柔弱；
户朽未闻枢蠹，偏执岂能及圆融。

译文

舌头存留而常见牙齿脱落，可知刚强终究无法战胜柔弱；门板朽烂而门轴不被蛀，片面固执岂能比得上圆满融通？

度阴山曰

柔弱的确能胜刚强，但最好的状态是将刚强与柔弱合二为一。人类历史上，柔弱战胜的事物少之又少，千万别以为柔弱真的能胜一切强大。刚中有柔，柔中有刚，才是战胜别人的唯一途径。

圆融肯定比偏执更能得到利益，但一味圆融却没有偏执的精神，那也只能做一个门轴。有些人就是太圆融，而有些人则是偏执到底，所以都归于失败。任何一种特性，无论是柔弱还是刚强、圆融还是偏执，都有其优势。过度地说谁能胜谁、谁不如谁，这本身就是偏执。

第三章 评议

大事化小，小事化无

原文

物莫大于天地日月，而子美云："日月笼中鸟，乾坤水上萍。"事莫大于揖逊征诛，而康节云："唐虞揖逊三杯酒，汤武征诛一局棋。"人能以此胸襟眼界吞吐六合，上下千古，事来如沤生大海，事去如影灭长空，自经纶万变而不动一尘矣。

译文

没有比天地日月更大的事物了，可唐朝的杜甫却说："日月如笼，我们是鸟儿；天地是水，我们是浮萍。"没有比政权交接和战争更大的事情了，而宋朝的邵雍却说："尧舜政权交接只喝了三杯酒，商夏、周商的战争如同一局棋。"如果能以此胸襟和眼界来看待宇宙，事情来了就如大海生泡沫，事情去了就如飞鸟的影子在空中消失，即便天下大事变来变去，我们的心也会纹丝不动。

度阴山曰

我将其称为"大事化小"思维模式：把天地日月这样的大物、政权交接和战争这样的大事化成笼子、几杯酒、一局棋这样的小物和小事。以此来告诉人们，凡事别太当回事，很多事在你眼中是大事，在别人那里还不如一粒沙子。

这需要足够强大的内心，内心不够强大，一切都是空谈。如何让自己心大呢？想得开，别钻牛角尖；看得淡，别执着。

名声是对小人的监督

原文

君子好名,便起欺人之念;小人好名,犹怀畏人之心。故人而皆好名,则开诈善之门。使人而不好名,则绝为善之路。此讥好名者,当严责夫君子,不当过求于小人也。

译文

君子若喜好名声,就会产生欺骗别人的念头;小人如果喜好名声,则会怀有畏惧别人的念头。所以,倘若人人都喜好名声,就会打开假装为善的大门。可如果人人都不喜好名声,就会堵塞积德行善的道路。由此看来,如果批评喜好名声的行为,应当对君子严厉,对小人宽松。

度阴山曰

世上一切事物都没有绝对的善恶,比如好名,听上去是恶,其实也是善。一个人好名,就会珍惜自己的名,珍惜自己的名时,就不会做出太出格的事,哪怕他爱好的是虚名。

名声对于个人而言,或是荣光或是枷锁,但对于他人而言,可能就是监督的牢笼。所以要控制一个好名的人,只要给他名声,宣扬他的名声,就能控制他的善恶。然而对于那些不在乎名声的人,除了砍他们一刀,别无他计。

因爱生恨的恨，才最狠毒

原文

大恶多从柔处伏，哲士须防绵里之针；
深仇常自爱中来，达人宜远刀头之蜜。

译文

极大的罪恶都隐藏在柔情里，如同绵里暗藏的毒针，应严密防范；深仇大恨常来自甜蜜的爱恋，恰似钢刀上涂抹的蜜糖，必须倍加小心。

度阴山曰

绵里藏针之所以毒，不是因为针扎得肉疼，而是心会被扎疼；因爱生恨的恨是天底下第一等深仇大恨，因为爱是人间最浓烈的感情，一旦翻转，爱有多深，恨就有多深。

当然，大多数人在这个世界上遇到绵里藏针的罪恶和因爱生恨的大恨的概率极小，所以我们没必要天天提防着爱人的绵里藏针和深仇大恨。毕竟，柔情、爱是种奢侈品，你能碰到特别爱你甚至因爱生恨的人的概率很小。

改变不了客观环境，却可以改变自己的心

原文

持身涉世，不可随境而迁。须是大火流金而清风穆然，严霜杀物而和气蔼然，阴霾翳空而慧日朗然，洪涛倒海而砥柱屹然，方是宇宙内的真人品。

译文

修行不能随外界环境的变化而迁移改变。哪怕赤日炎炎，流金铄石，胸中却有微微清风，和畅美好；哪怕凛冬已至，万物凋零，胸中却有和顺之气，温暖如春；哪怕阴云四起，天昏地暗，心中却有红日普照，万丈光芒；哪怕巨浪滔天，翻江倒海，内心却有中流砥柱，岿然不动，这才是合格的修行者。

度阴山曰

人不管做任何事，绝不能三天打鱼，两天晒网，比如跑步，今日温度太高不跑，明日温度太低不跑，后天有别的问题又不跑。坚持做一件事，不管客观环境如何，内心都要坚定。客观环境没办法改变，可你能改变自己的心。合格的修行者，就是那种任凭大环境改变，但做成一件事的心永不改变。如此，你就改变了自己。

爱，是你和万物相遇的根本

原文

爱是万缘之根，当知割舍。
识是众欲之本，要力扫除。

译文

爱是所有缘分的根本，要知道怎么割舍这个根本；知识是所有欲望的根本，要尽力扫除。

度阴山曰

你和父母、妻儿、酒肉朋友、门口的保安、水里的鱼、院中的鸡的一切缘分都缘于爱。如果没有了爱，你将成为孤家寡人，爱是你和万物相遇的根本。懂得放弃某类爱，比如放弃酒肉朋友、吃喝玩乐，这就是知割舍。

你所学到的一切知识，都是由和你一样的有欲望的人制造出来的，所以一切知识的存在都是为了解决某类问题，这就是欲望。你学知识，其实是在学欲望。对于欲望，要懂得扫除。当然，你还是要完成国家规定的基本学业，比如义务教育、高中、大学等阶段的知识学习，其他的，可学可不学。

嘴巴上的超凡脱俗是矫情

原文

作人要脱俗,不可存一矫俗之心;
应世要随时,不可起一趋时之念。

译文

做人要超凡脱俗,但是不要有故意违反世俗人情的心思,来显示自己的清高;做事要顺应时局,不能有一点儿刻意的趋炎附势的想法。

度阴山曰

超凡脱俗要在内心完成,而不要在行为上,尤其不要在嘴上完成。在行为上和嘴上完成的,不是超凡脱俗,而是假清高,是矫情。

做事自然要随大势,可不能趋炎附势。随大势是追随客观环境,趋炎附势则是追随权势人物。这绝对是两回事,一定要分清。

古人为什么喜欢苦中作乐

原文

宁有求全之毁,不可有过情之誉;
宁有无妄之灾,不可有非分之福。

译文

宁可因追求完美而遭人诋毁,也不要接受超过实际情况的赞誉;宁可承受无缘无故的灾害,也不希求不合本分的福祉。

度阴山曰

乍看上去,古人有点"受虐狂"倾向:对无缘无故的灾害能接受,却不接受不合本分的福气;可以接受诋毁,却绝不接受名实不符的赞誉。

为何会有这种心理呢?归根结底在于古人的"阴阳轮回"观念:如果你接受了不合本分的福气,那之后肯定要有大灾难;如果你接受了名实不符的赞誉,那更残酷的诋毁就在路上。所以,为了把危险降至最低,古人宁愿苦中作乐,也不愿意先大大享受,然后大大受苦。

不需要突如其来的刺激,只要安安稳稳就好,无论是快乐还是痛苦,都要如此。

吃亏是福，福如东海

原文

毁人者不美，而受人毁者遭一番讪谤便加一番修省，可释回而增美；

欺人者非福，而受人欺者遇一番横逆便长一番器宇，可以转祸而为福。

译文

诋毁他人的人是有问题的人，而遭到这种人诋毁的人却能通过自我检查来减少不良品行，增加优良品行；欺负别人的人注定没有福气，而受这种人欺负的人却能通过自我隐忍而增加肚量，如此就能将祸害转变成福气。

度阴山曰

中国古代修身思想是一种内循环模式，简单而言就是，别人所有攻击都可以被我们咬牙迎入内部，在内部消化，完成自给自足的循环后成为新的力量，最终为我所用。这就叫吃亏是福，古人特别希望福如东海。

比如有人诋毁我，我先不反击，而是把它迎入我心中消化它——人家说得对不对？如果对，我就要改正，改正毛病后的我完成了一次循环，于是我又进步了。再比如，有人欺负我，我也先不反击，而是把它迎入心中消化它——人家为啥要欺负我？我哪里不对了？我有必要生气吗？如此则完成自我循环，肚量增大。这循环过程都是自给自足、不假他人、自动自发完成的。

那么，内循环模式是不是效果如神呢？

比如说，欺负别人的人注定没有福气，此言简直大错特错。仅以校园暴力为例，施暴者因年纪小而免于牢狱之灾，这就是最大的福气。而受害者却患了身心疾病，也没有增加任何度量。

"吃亏是福"这句话本身有很大问题。吃无伤大雅的亏才是福，吃了伤筋动骨的亏还不反击，不但不是福，还是大祸，因为你会引来更多别人施加给你的亏。

我们在阅读中国传统文化的书籍时千万小心，别吃了"吃亏是福"的大亏。

一切都要事上练

> [原文]

梦里悬金佩玉,事事逼真,睡去虽真觉后假;
闲中演偈谈玄,言言酷似,说来虽是用时非。

> [译文]

梦中悬挂金饰,佩戴玉器,情形逼真,可一觉醒后,却觉得这种情形特别假;闲暇中讲演佛家格言和道家玄理,言辞酷似世外高人,但说时容易做时却难。

> [度阴山曰]

古人最喜欢两个梦:黄粱一梦,庄周梦蝶。前一梦是人生富贵如梦;后一梦则是人生如梦,梦如人生。梦和现实,两个截然不同的场景,哪个才是真?古人很懵,不知道,或者干脆假装不知道。

无事时都是大师,一有事就什么都做不成。无事时能扭转乾坤,有事时扭头就跑。这都是因为无事时把太多时间和精力浪费在扯淡上了,所以有事时才没有办法冷静应对。

是福是祸看自己

> 原文

天欲祸人,必先以微福骄之,所以福来不必喜,要看他会受;天欲福人,必先以微祸儆之,所以祸来不必忧,要看他会救。

> 译文

老天要降祸给一人,必先给他点小福,所以当小福来时不必欢喜,要看他如何接受;老天要降福给一人,必先给他一点儿小祸,所以当小祸来时不必担忧,要看他如何处理。

> 度阴山曰

这段话把老天说成了一个十足的变态:不停地幸灾乐祸,试探人心。当然,也把老天塑造成了一个笨蛋,因为它的套路永远都是一样的:欲祸先福,欲福先祸。这种套路很快就会被聪明人摸透。先得到小福分的人不会张牙舞爪,因为大祸就在路上;先得到小祸的人不会仰天痛哭,因为大福已举起敲门的手。

我们当然不能把这看成定律,因为所谓"先福后祸、先祸后福"的本质是想告诉那些遇到困难的人,不要气馁,光明就在前方。同时,还警告那些得点福分就沾沾自喜的人:好好珍惜这福分,否则大祸就要来临。

与其说这是一条天规,倒不如说这是一条心理自救法则:天地神佛不会救你,能救你的只有你自己。

人生的"买一送一"定律

> [原文]

荣与辱共蒂,厌辱何须求荣;
生与死同根,贪生不必畏死。

> [译文]

荣辱是共生的,没有荣就没有辱,求荣就不能厌辱;生死同根,没有生就无所谓死,贪恋生就不要怕死。

> [度阴山曰]

老天的公平就在于:创造了白天又创造了黑夜,创造了光明又创造了黑暗,创造了一帆风顺又创造了艰难险阻。然后他告诉人类:买一送一,不要不行。

耻辱、侮辱是你买了荣耀后送给你的,死亡是你买了生命后送给你的。如果你不想要耻辱、侮辱和死亡,那你也得不到荣耀和生命。喜欢荣誉就不要厌恶侮辱,贪恋生命就不要恐惧死亡,因为你厌恶、恐惧都无用,它就在那里,客观存在。

如果能看淡"买一送一"的人生定律,那你的人生就会比其他人好过很多。所有的斤斤计较在这一定律面前都会显得苍白无意义。

真诚是最好的通行证

原文

作人只是一味率真，踪迹虽隐还显；
存心若有半毫未净，事为虽公亦私。

译文

做人只要保持真诚，即使他的行踪已不见，形象仍会留在人们记忆中；心中念头若有一丝不干净，即使是公事公办，也会存有私心。

度阴山曰

小孩受人喜欢，原因就在其真诚。古话说，小孩不藏病。意思是，小孩得了病肯定会哭闹，没了病，心情立即阴转晴。他们不像大人那样虚伪，掩盖自己的真诚。

所以说，真诚恐怕是世界上最好的通行证。如果不真诚，虽能暂时掩盖私心，却无法长久。念头只要有一点儿邪恶，你所做的全部事情都没有了意义。所以，动机非常重要，简直是性命攸关。

"丢人现眼"的过程，就叫成长

原文

鹪占一枝，反笑鹏心奢侈；兔营三窟，转嗤鹤垒高危。智小者不可以谋大，趣卑者不可与谈高。信然矣。

译文

小鸟占据一根树枝，嘲笑大鹏展翅飞翔的梦想过于不切实际；小兔子建造三个小窝，嘲笑白鹤筑在高山大树之上的巢穴高而危险。智谋太小的人不足以和他谋大事，趣味太低的人不能和他谈高雅。这是真理！

度阴山曰

你有十块钱时，会认为那些有一百块钱的人买十块钱的东西是炫耀；你有一百块钱时，又会认为那些有一千块钱的人买一百块钱的东西是炫耀；直到你有了一个亿时，你终于发现，有些人花大价钱根本不是在炫耀，只是自己没有达到人家有钱的那个程度罢了。

我们总以自己的处境去揣度别人，如同小鸟揣度大鹏一样。直到有一天，你这只鸟变成大鹏，你才发现，当初小鸟的想法真是丢人现眼。

这种丢人现眼的过程，就叫成长。

"光脚"是弱者的天然优势

原文

贫贱骄人,虽涉虚骄,还有几分侠气;
英雄欺世,纵似挥霍,全没半点真心。

译文

贫贱的人看不起别人,虽说近乎虚骄,却倒有几分侠士气概;身为英雄而欺骗世人就是奸雄,即使看上去潇洒脱俗,其实没有半点真心实意。

度阴山曰

弱者比强者有个优势:人们对强者的要求极高,而对弱者基本不做要求,不但不要求,反而还在情感上同情弱者。比如傲慢无礼,若是放在强者身上,肯定被骂个狗血淋头,但弱者如果傲慢无礼,却被认为是一种有趣。

弱者要翻身,只要秉承"光脚的不怕穿鞋的"的弱者优势,用本应属于强者的行为方式武装自己,就能脱颖而出,成就最好的自己。

天生我材必有用

> 原文

糟糠不为彘肥,何事偏贪钩下饵;
锦绮岂因牺贵,谁人能解笼中囮。

> 译文

用酒糟粃糠不是为了把猪喂得肥壮,为何鱼儿贪图钓钩下的诱饵。绮丽绣锦不会因作为祭品而失去价值,有谁能懂笼中鸟的心思。

> 度阴山曰

是金子总会发光的,哪怕金子被烂泥包裹,也终有一天会大放光芒。有些事物不会因为任何非常情况而失去它的作用和价值,如果你觉得它现在没有价值,那说明它并没有物尽其用。

天生我材必有用,一定能看到自己散发光芒。

心外什么都没有

原文

琴书诗画，达士以之养性灵，而庸夫徒赏其迹象；山川云物，高人以之助学识，而俗子徒玩其光华。可见事物无定品，随人识见以为高下。故读书穷理，要以识趣为先。

译文

古琴书法和诗歌绘画，文人雅士用它们来陶冶性情，而附庸风雅的人则只欣赏其表面；山川美景，造诣高深的人用它们来增长见闻，凡夫俗子只会欣赏明丽的色彩。可知客观事物本身并没有固定的品格，人的见识高下使其有了品格的高低。因此一个人读书识理应该先讲究趣味、品位。

度阴山曰

所有理都在我们人的心中。同样一个客观事物，有人看到其陶冶情操的价值，而有人只看到它的外表之美。这就好像一朵花，有人看到其鲜艳，有人则看到其好吃。你从客观事物上看出来的"理"并不属于客观事物，而全是你内心中的。想从客观事物看出真正的理来，就必须丰富自己的内心世界。心外什么都没有。

简单最好，但人人都喜欢复杂

原文

美女不尚铅华，似疏梅之映淡月；
禅师不落空寂，若碧沼之吐青莲。

译文

最美的女人不注重浓妆，如同梅花与淡月相映成趣；真正的禅师永不会被空旷而寂静的环境所限，如同碧绿的池子里生长出的青莲。

度阴山曰

最健康的饮食一定是低盐低脂的清淡饮食，因为高端的食材根本不需要复杂的烹饪，如同美女不需要浓妆艳抹一样。淡雅的青莲从淤泥中长出而不沾一点儿黑泥，这是最高境界的"出淤泥而不染"。

我们人人都向往本真、清雅、简单，可做的事却矫饰、浓艳、复杂。人就是这样，说这套，喜欢的却是那套。

眼里容不得沙子未必是好事

原文

廉官多无后,以其太清也;痴人每多福,以其近厚也。故君子虽重廉介,不可无含垢纳污之雅量。虽戒痴顽,亦不必有察渊洗垢之精明。

译文

廉洁的官吏大多没有后路,因为他们太过清廉;痴愚的人往往多福气,因为他们性格近于厚道。所以有志向的人虽然重视廉洁,但要有含污纳垢的气度。痴顽虽然应该戒除,但也不必有过分挑剔的精明。

度阴山曰

过于清廉、公正就会眼里容不得沙子,而现实中的沙子实在太多,所以就会显得严酷。对同事严酷、要求高,就会得罪人,最后无路可走。看上去特别傻的人往往多福气。这福气来自两方面:一方面是他自己没心没肺,心胸宽广,所以永远快乐;另一方面,人特别喜欢比自己弱的人,看到傻乎乎的人,就心生爱意和怜悯,所以愿意给这种人以照顾。

人过于挑剔,眼中容不得沙子,这种精神虽然可嘉,在现实中却很不可行。可嘉和可行,完全是两回事。

人就是要一板一眼地生活、工作

原文

　　密则神气拘逼，疏则天真烂漫，此岂独诗文之工拙从此分哉！吾见周密之人纯用机巧，疏狂之士独任性真，人心之生死亦于此判也。

译文

　　冷静周密的谋划思考肯定压抑自由的精神，疏狂自由则坦率自然，这种性情之分不仅体现在诗文中。心思缜密的人只用技巧，疏狂自由的人从心所欲而不逾矩。人心之生死，也是如此。

度阴山曰

　　李白的诗是天真烂漫，杜甫的诗则是用尽机巧。大家都喜欢李白诗歌的狂放自由，却不知，李白诗歌的随性随心很难学到，而杜甫诗歌的一板一眼才是大多数人可以学到的。

　　别被一些所谓的个性狂放、潇洒浪子等迷魂汤灌倒，人就是要一板一眼地生活、工作，才有幸福可言。

环境影响人，是个伪命题

原文

翠筱傲严霜，节纵孤高，无伤冲雅；
红葯媚秋水，色虽艳丽，何损清修。

译文

翠竹傲立寒霜，虽孤高但不失平和高雅；红莲在秋水中妩媚至极，艳丽却不失高洁。

度阴山曰

这是"出淤泥而不染"的思维。用这种思维方式来看原生家庭，就会得出和常识不一样的结论。很多人认为原生家庭对人的影响很大，但青莲是从淤泥中成长起来的，却没有浑身淤泥；翠竹从寒霜中长成，却高傲中带着平和。原生家庭对孩子的影响到底有多大，答案并不是一定的。

有些人，可能的确是受环境影响，但另外一些人的秉性的确就是那样，无论在什么样的环境下，都是那副德行。环境问题有时候只是借口，就是他本人的问题。

重要的是，能表达真实情感

原文

贫贱所难，不难在砥节，而难在用情；
富贵所难，不难在推恩，而难在好礼。

译文

贫贱时最难的不是磨砺自己的品节，而在于表达真实情感；富贵时最难的不是施恩于他人，而在于以礼对待受恩的人。

度阴山曰

人穷志短，志短就要遮掩，一遮掩就成了虚伪，一虚伪就成了恶棍。人如果只认为自己物质贫穷，那就是个快乐的"丐帮门徒"。可如果认为不应该让人知道自己贫穷，那就是心穷，而且会变得穷凶极恶。富贵时施舍别人，所有富贵的人都能做到，但施舍时能做到不居高临下的，少之又少。

人类可能真的不缺少物质，缺的是美好的心灵。

高手不在民间

原文

簪缨之士,常不及孤寒之子可以抗节致忠;庙堂之士,常不及山野之夫可以料事烛理。何也?彼以浓艳损志,此以淡泊全真也。

译文

世代做官的人家,在气节和忠诚上往往不如寒门出身的人;身在官场的人,在预料事情走向和获取真理上往往不如山野之人。为什么?因为前者长期沉浸在"富贵丛中"而丧失了斗志和头脑,后者则始终保持着淡泊的志向和清醒的头脑。

度阴山曰

这是典型的"高手在民间"的思维,专业的不如业余的,学院派不如江湖派。其实古人之所以产生"高手在民间"的思维,并非故意反智。人人都知道一个业余拳师根本打不过职业的拳手,可仍然抱以希望;人人都知道智商最高的人都在学院中,可仍然坚信江湖术士的鬼把戏。

这是因为,当专业的或者学院派闹得不像话时,人们在失望之余会找代替品。还因为,人皆有好奇之心,往往希望出现不可能出现的情境,比如一个江湖老拳师揍趴下了泰森。所以,"高手在民间"思维永远兴旺,只不过,很少被证实。

有些话，听一听就好

原文

荣宠旁边辱等待，不必扬扬；
困穷背后福跟随，何须戚戚。

译文

荣耀和侮辱并肩而立，所以获取荣耀后不要得意扬扬；穷困和福禄如影随形，所以穷困时不必忧伤。

度阴山曰

没有任何直接证据证明荣耀后就必遇耻辱，更没有一丁点儿有力证据证明穷困之后就一定能得到福禄。

而古人之所以这样说，其实是安慰那些在穷困中的人："兄弟，不要气馁，也不要狗急跳墙，只需要心平气和地走下去，你就一定能得到福禄。同时，不必忌恨那些享受荣耀的人，因为他身边就站着大瘟神，随时都可以让他蒙受耻辱。"这种安慰人的话，只有鬼才信。其实享受荣耀而低调，那荣耀就将常在，身处穷困而不奋发，那将永远穷困。知道了这个道理，你就知道人绝对不能喝"安慰剂"，而要凭自己的双手去奋斗。

凡是厚古薄今的大师，都是神棍

原文

古人闲适处，今人却忙过了一生；古人实受处，今人又虚度了一世。总是耽空逐妄，看个色身不破，认个法身不真耳。

译文

古人活得自在悠闲，今人却忙碌了一生；古人实实在在享受生活，今人却虚度了一世。因为今人总是沉湎于空洞的幻想，追逐虚妄的目标，不能看破虚幻的肉身，不能认清不生不灭的法身。

度阴山曰

评判一个人是不是大师，就看他是否厚古薄今。如果他认为从前的都是好的，现在的都是错的，那他绝对是个江湖神棍。中国人特别喜欢厚古薄今。今天的一切都让他看不顺眼，从前的全部都让他深切缅怀。古人崇古，是一门学问；今天的一些国学大师崇古，则是一门生意。

做人要向前看，因为你向后看的现实根本不是现实，而是你意淫出来的。把意淫出来的世界和现实世界对比，现实世界当然没那么美好，可它毕竟是现实的，不是虚幻的，是在不停进步的，而非原地不动的。

攀附豪门，不如成为豪门

原文

芝草无根醴无源，志士当勇奋翼；
彩云易散琉璃脆，达人当早回头。

译文

灵芝没有根而甘泉没有源，有志气的人应奋勇向前，展翅高飞；彩云容易散失，琉璃容易破碎，明白这个道理的人应早早收手。

度阴山曰

攀附豪门，不如自己成为豪门。豪门未发迹时也是普通人。英雄不问出处，成为英雄的路就是最高贵的出处。然而，从一穷二白成为小康之家容易，但从一穷二白成为贵族却难，要付出的努力不亚于盘古开天辟地。美好的事物最容易消失，所以追求美好的事物时，要懂得收手。

孔子的完美人生模板

> 原文

少壮者，事事当用意而意反轻，徒泛泛作水中凫而已，何以振云霄之翮？衰老者，事事宜忘情而情反重，徒碌碌为辕下驹而已，何以脱缰锁之身？

> 译文

青少年对每件事都应全心全意，如果漫不经心，蜻蜓点水，只能做水面上一只普通的野鸭，怎能振翅高飞到云霄之中？老年人对待每件事都应了无牵挂，如果用情深重，难以割舍，只能做车辕下繁忙劳苦的马，怎能挣脱缰绳，获得自由之身？

> 度阴山曰

古人的完美人生模板由孔子制定：十有五志于学，三十而立，四十而不惑，五十而知天命，六十而耳顺，七十而从心所欲，不逾矩。你能活到何时，就能从心所欲到何时。

这份人生规划之所以完美，是因为它规定了什么年纪做什么样的事。少年时做事就要认真、留心、用心；年老时就少做事，甚至心里都不要有事。如此，才能真正做到从心所欲，也能不逾矩。

吃饭五分饱

原文

帆只扬五分,船便安。水只注五分,器便稳。如韩信以勇略震主被擒,陆机以才名冠世见杀,霍光败于权势逼君,石崇死于财赋敌国,皆以十分取败者也。康节云:"饮酒莫教成酩酊,看花慎勿至离披。"旨哉言乎!

译文

船帆只需扬起五分,船就能平稳行驶。水只需倒五分,器皿就能稳当。韩信智勇冠天下威胁到刘邦而被擒杀,陆机才华盖世而被杀,霍光权势熏天而家破人亡,石崇富可敌国而被杀,这些人都是死在了"十分"满上。邵雍曾说:"饮酒不要大醉,看花不要看它凋落的样子。"这话真是意味深长啊!

度阴山曰

中国传统思想的精髓都在吃饭上,比如"吃饭五分饱"就是。吃饭五分饱的优势巨大:第一,肯定不会吃撑,所以很健康;第二,给别人的印象是你吃了,有功绩,但又不是那么大,所以不会惹别人恨或恐惧;第三,五分饱的人处于半饥饿状态,所以还有进步(继续吃)的潜力,也就是说,给自己留了余地。但人往往这样,遇到可口的饭菜(权势、财富)非要吃足十分不可。这十分饱和五分饱看着只是个量的不同,其实已是生和死的区别。

害你的不是权势而是你自己

原文

附势者如寄生依木,木伐而寄生亦枯;窃利者如蝇蚋盗人,人死而蝇蚋亦灭。始以势利害人,终以势利自毙。势利之为害也,如是夫!

译文

依附权势的人如同寄生植物依附于树木,树木被伐也就枯槁了;偷取财利的人如寄生虫叮人,人死而寄生虫也死。开始以权势财利害人,终会以此自我了断。权势财利的害处,就是这样厉害!

度阴山曰

杀人的是人而不是刀,害人的也是人而不是权势财利。人有权势财利能妥善利用,必会利人利己。可惜,大多数人在得到权势财利的手段上就错了——依附权势而不是靠正当手段得到权势,偷取财利而不是正大光明地赚取财利。权势财利没有害你,而是你自己害了自己。

权势财利和刀一样,哪有害人的威力,是人使其有了威力。

贪心的源头是感觉自己缺东西

原文

失血于杯中,堪笑猩猩之嗜酒;
为巢于幕上,可怜燕燕之偷安。

译文

猩猩因为嗜好美酒而遭猎人捕杀,鲜血流入酒杯,真让人觉得可笑;燕子在随时撤走的帐幕上筑巢,只图苟安而不计长远,真让人觉得可怜。

度阴山曰

猩猩虽然有高度智慧,能辨别陷阱,却仍然不能抵御对美酒的贪心而殒命。人类的智慧比猩猩要厉害十倍,贪心也比猩猩多十倍。

贪心的源头是自认为缺少。人之所以贪是因为感觉自己缺,所以会竭尽全力去补充自己感觉缺少的东西。猩猩认为自己缺少美味,所以疯狂追求美酒。贪心的人其实并不是进取的人。恰好相反,因为他很保守、缺乏安全感,所以才玩命地去贪外物。

人心不足如同蛇吞象,大家都嘲笑蛇,可蛇却认为自己没错,因为它感觉自己就是缺一头大象。

在你的人生中,你感觉你缺什么?

不攀比，不炫耀

原文

鹤立鸡群，可谓超然无侣矣。然进而观于大海之鹏，则眇然自小。又进而求之九霄之凤，则巍乎莫及。所以至人常若无若虚，而盛德多不矜不伐也。

译文

鹤立于鸡群中，可谓高超出众，没有能与之匹敌的了。但如果把它和大海中的鲲鹏相比，就发现它实在太渺小。如果再把它和高飞云霄的凤凰相比，就会发现永远无法企及凤凰的高度。所以，超凡脱俗的人常常谦虚无比，品德高尚的人从不恃才显功。

度阴山曰

没有对比就没有伤害，一个人如果永远不和身边的人攀比，那他永远会享受单纯的幸福。真正有智慧的人，他们很清楚世界上的痛苦都是对比出来的。同时，他们也明白很多时候无法避免对比，所以他们总是虚怀若谷，知道人外有人、山外有山，把自己的姿态放得很低，即使有点儿成绩，也从不炫耀。这种人，才是世界上最聪明也最有可能获得幸福的人。

如果你不知道读什么书
就关注书单来了微信号

快点扫吧！
我抱不动了！

反面查看书单

如果你不知道读什么书
就关注书单来了微信号

关注后，回复数字，
即可查看相关书单！

微信号：shudanlaile

1. 这5本小说将中国文学抬到了世界高度
2. 5本适合零碎时间读的书，有趣又长知识
3. 等孩子长大，一定要感谢他给你这5本书
4. 这5本书，都是各自领域的经典之作
5. 我要读什么书，能够让我内心强大
6. 情绪低落的时候，就看这5本书
7. 这5本小书，我打赌你一本都没看过
8. 十个心理成熟的人，九个读过这本书
9. 5位大师的巅峰之作，好书得让你灵魂震颤
10. 这5本书启发你思考，怎样度过你的一生
11. 这5本文学经典，看完仿佛度过了一生
12. 如果你对人生感到迷茫，就看这5本书
13. 这5本书，教你如何在效乎盾中自我
14. 5本枯其烧脑的推理经典，令人拍案叫绝
15. 文学史上五个绝世无双的男人，你选谁？
......

不贪心，不疑心

原文

贪心胜者，逐兽而不见泰山在前，弹雀而不知深井在后；疑心胜者，见弓影而惊杯中之蛇，听人言而信市上之虎。人心一偏，遂视有为无，造无作有。如此，心可妄动乎哉！

译文

贪心的人，追逐野兽时永远看不到泰山在前面，弹射鸟雀却不知深井在后面；疑心重的人，见到杯中弓影而认为是毒蛇，听到他人说街上有老虎就相信街市上真有老虎。人心一旦不正，就会把有视为无，把无臆想为有。如此，人心怎能不虚妄乱动！

度阴山曰

贪心的人只看到利益，却看不到利益背后的风险。人如果不想为财死，就要知道利益越大风险越大；鸟如果不想为食亡，就要知道过多食物的背后是陷阱。

犯有疑心病的人，要么神经兮兮，要么瞻前顾后，总把简单的事情复杂化，而把复杂的事情又简单化。贪心的人和疑心重的人，都是心不正的人，他们对事情无法做出正确判断，从而以为可以轻易得到，没想到却注定失去。越是失去越想得到，越想得到越会失去，这种人，渐渐会走入这样一个怪圈。

聪明人看因不看果

原文

蛾扑火,火焦蛾,莫谓祸生无本;
果种花,花结果,须知福至有因。

译文

飞蛾扑向灯火,火才烧飞蛾,所以不要认为祸没有本源;种子种下开花,花落结果,所以必须知道,福气的到来是有原因的。

度阴山曰

愚笨的人只看到灯火烧死了飞蛾,只有聪明的人才能看到是飞蛾扑向了火。不懂因果的人眼中只看到结果,懂因果的人早就在起因上下功夫了。同样一件事,譬如飞蛾和火,有人看到果,有人看到因。看到因的人一定比看到果的人更快、更容易看清其他事情的真相,所以他的人生注定会比只看到果的人要好很多。

人生的真谛：差不多就行了

原文

车争险道，马骋先鞭，到败处未免噬脐；
粟喜堆山，金夸过斗，临行时还是空手。

译文

如果车辆在通过险路时还要争抢，骏马在飞驰时还要鞭打，等到人仰马翻时就后悔莫及了；粮食越多越好，堆成山才喜欢，夸耀自己有钱时黄金用斗量，可是人到死时还是两手空空，什么也带不走。

度阴山曰

如果有一句话可以指导人生，那这句话应该是：差不多就行了。

问题就在这里，这个"差不多"到底是多少。人人如同恶狼一样争抢金银财宝时，都觉得还差一点儿。这个"一点儿"永远没有尽头，一定要说有，那可能就是死亡。

"差不多"这三个字，只有超级聪慧的人才能看透，其他人永远看到的是"差一点儿"。也许"差不多"的真意正是"不差那一点儿"吧。

所有事物的价值，和事物无关，和你有关

原文

花逞春光，一番雨、一番风，催归尘土；
竹坚雅操，几朝霜、几朝雪，傲就琅玕。

译文

花在春天绽放，经历几场风雨就归于尘土；竹子坚守高尚情操，历风霜雨雪，依然如神话中的宝树一样傲然挺立。

度阴山曰

人类总是在给事物赋予价值，比如给花赋予"中看不中用"的价值，给竹子赋予"坚强不屈"的价值。其实这些价值根本不是花和竹的，而是我们人类的。我们希望看到人应该坚强不屈而不是中看不中用，所以我们就"一不小心"找到了自然界中的竹子和花。当我们评价花儿虽美却难经风雨、竹子坚守高尚情操时，花儿和竹子一无所知，它们自顾自地顺应着自己的规律，自开自落，自坚自强。

所以说，我们心外的所有事物上没有价值在，如果它有价值，那一定是你赋予它的。汽车、房子、美女，这些物体的价值根本不在它们那里，而在你心里。

你看它是废物，它就是废物；你看它是珍宝，它就是珍宝，你向世界索取的一切，都是在和你内心的评价做着殊死斗争。

人想富是天经地义的事

原文

富贵是无情之物,看得他重,他害你越大;贫贱是耐久之交,处得他好,他益你深。故贪商於而恋金谷者,竟被一时之显戮;乐箪瓢而甘敝缊者,终享千载之令名。

译文

富贵是"忘恩负义"的,你把它看得越重,它对你的伤害就越大;贫贱是值得长交的朋友,你与它相处得越融洽,它带给你的好处就越深。所以,像楚怀王贪图商於之地,石崇贪恋金谷秀园,都因一时之显耀而遭杀戮;孔子的弟子颜回乐于一箪食、一瓢饮,甘于穿破旧衣服,最终却享得千载美名。

度阴山曰

富贵和贫穷本身没有善恶,只不过人类刻意给它们贴上了善恶的标签。富贵给人的好处肯定比贫穷要多,但运用不当,就成了自我毁灭的地雷;贫穷带给人的好处肯定非常少,因为人穷志必然短,但如果咬牙硬挺,挺到死的时候也没有富贵,那固守贫穷就成了节操的表现。可如果挺到人生半途突然富贵,大多数人都不会觉得贫穷是好事,反而会变本加厉地挥霍富贵。

任何时代,对于金钱的向往都是人的天性。只不过,要得当!所谓得当,就是获取金钱的手段要正当。

追不到的东西可以等

原文

鸽恶铃而高飞，不知敛翼而铃自息；人恶影而疾走，不知处阴而影自灭。故愚夫徒疾走高飞，而平地反为苦海；达士知处阴敛翼，而巉岩亦是坦途。秋虫春鸟共畅天机，何必浪生悲喜；老树新花同含生意，胡为妄别媸妍。

译文

鸽子厌恶系在脚上的铃声而振翅高飞，它不知道收敛翅膀铃声就会消失；有人厌恶自己的影子就急速行走，他不知道走到阴地影子就会消失。所以，愚蠢的人只知急速行走、振翅高飞，将平地看成苦海；通达事理的人则知道走进没有阳光的地方收敛羽翼，看陡岩如同坦途。秋天的虫子、春天的鸟儿都显示了生命活力，又何必见秋虫则悲，见春鸟则喜；古树和新花都蕴含着生机，何必胡乱判定这个好、那个不好呢？

度阴山曰

夸父玩命地追逐太阳，却始终无法拉近他和太阳之间的距离。他如果停下来，慢慢等待，就会发现太阳落山时和他的距离最近。有时候我们过于刚强，总是追逐着我们想要得到的东西而不停地奔跑，但总是无法到手。可只要你停下来，就会发现，原来有些东西并非刻意追逐就能得到，只有用心等待，才能等到。

不要拟人化，痛苦少很多

原文

秋虫春鸟共畅天机，何必浪生悲喜；
老树新花同含生意，胡为妄别媸妍。

译文

春天的鸟叫和秋天的虫子啼鸣，呈现了自然的生机勃勃，不必在这上面生出悲喜之情；老树新花同样都含有生机，不要随意就判定它们的丑美。

度阴山曰

人最大的本事是把天地万物拟人化，总以为鸟叫是哭，虫鸣是思念家乡，其实鸟叫和虫鸣是它们的本能，不是人所认为的悲喜。老树枯萎，新花鲜艳，人类喜欢歌颂新花而讨厌老树，其实无论老树还是新花都有它们自己的命运。

人的烦恼正是源于这种拟人化、贴标签。如果万事万物以其本来面目，而不拟人化、贴标签，许多痛苦就会消失。

仁者擅于把敌人变成朋友

原文

多栽桃李少栽荆，便是开条福路；
不积诗书偏积玉，还如筑个祸基。

译文

多栽种桃花和李花，少栽种荆棘，就如同开了一条福路；不积累诗书偏要积攒美玉，等于铸造了个祸根。

度阴山曰

孟子说，仁者无敌。仁者之所以无敌，并非他很能打，是因为他可以把敌人化为朋友。栽种桃李不种荆棘，就是此意。比如有人来偷你家李子吃，让他偷就是，千万别种荆棘，割坏他，他还要报官让你赔偿医药费。古人总教导人不要树敌，要以和为贵，为他人着想。如果树立了敌人，那尽量把他变成朋友，总之，敌人，坚决不能有。

诗书变成知识可以换来美玉，但美玉无法换来知识，美玉只能引来别人的嫉妒，被人嫉妒就是一个祸根。事实上，这是个悖论。用知识换来美玉会受人嫉妒，不用知识换美玉会饿死，做人，尤其是做没有敌人的人，实在太难了。

勇于承认人的境遇不同

原文

万境一辙，原无地着个穷通；万物一体，原无处分个彼我。世人迷真逐妄，乃向坦途上自设一坷坎，从空洞中自筑一藩蓠。良足慨哉！

译文

有万种境界，所包含的真谛是相同的，无非"穷通"二字；万物一体还是二体，只在分彼此上。世人认识不了"真"或"空"，在原本平坦的大路上平白无故设置障碍和坎坷，在太虚之境设置栅栏，让人感慨万分啊！

度阴山曰

人分两种：一种处于困厄中，一种处于显达中。承认这种分类就是"真"，不要深陷其中就是"空"。倘若不真、不空就是在平坦大路上设置障碍，在太虚之境设置栅栏。

越是纠结小事，越没时间做大事

原文

大聪明的人，小事必朦胧；
大懵懂的人，小事必伺察。

译文

真正聪明的人，在小事上能糊涂就糊涂；真正糊涂的人，在小事上能多精明就多精明。

度阴山曰

这是中国智慧中的"抓大放小"。"大"指大事，"小"指小事，智慧老人往往在大事上不含糊，在无关痛痒的小事上能多糊涂就多糊涂；笨蛋恰好相反。

大事或小事只是相对你而言，所有人在自己人生中都会遇到大事，也会遇到各种鸡毛蒜皮的小事。有人说："我就是一个普通人，所遇到的事都是小事，如果我不纠缠小事，可能生存都是问题"。这话是正确的，生活中的苟且是我们必须面对的。

然而有一点需要我们懂得，你在小事上纠缠得越久越多，你的人生中恐怕就没有了大事——不是没有大事，而是大事来了，由于你所有精力都浪费在了小事上，根本拿不出任何智慧来解决大事，于是大事就很有可能成为你人生中的最后一件事。

压垮骆驼的是最后一根稻草前的无数的小稻草。

"老实人"陷阱

原文

大烈鸿猷,常出悠闲镇定之士,不必忙忙;
休征景福,多集宽洪长厚之家,何须琐琐。

译文

大业宏图,常出于镇定自若、从容不迫的人士,匆匆忙忙没有作用;齐天的洪福,都聚集在心胸宽广、谨慎有礼的人家,小事上斤斤计较没有意义。

度阴山曰

老祖宗们为我们这群老实人勾画了一幅曼妙而赏心悦目的图画:只要你能从容不迫,就能成就伟大的事业;只要你能心胸宽广、彬彬有礼,就能洪福齐天。同时还给我们描画了一幅冰冷的图画:匆匆忙忙的人和在小事上斤斤计较的人既没法成就伟大事业,也没有大福气。

但我们必须认识到,人生哲学和自然科学大大不同。自然科学可以找出规律,比如你从十层楼上跳下去会摔死,那你从十二层楼上跳肯定也活不成,这就叫规律。但人生哲学不是这样,各有各的活法,所以就各有各的规律。从容不迫、彬彬有礼可能一事无成地惨死,匆匆忙忙、斤斤计较可能无疾而终。所以,我们不能仅从个案得出武断的结论:这样做就好,那样做就不好。

人不能怀有"我这样做就会得到好报"的念头而去这样做,

应该因喜欢某件事而去做。比如我就是喜欢从容不迫,就是喜欢彬彬有礼,那我就去做,至于什么伟大事业、洪福齐天,根本不在我的意料中。如此,才是真正具备大智慧。大智慧不是学来的,而是靠喜欢、爱而得来的。

修心窍门：以毒攻毒

原文

贫士肯济人，才是性天中惠泽；
闹场能学道，方为心地上工夫。

译文

贫穷的人愿意接济、帮助他人，才是人性中的惠爱与恩泽；在喧闹中还能专心学习，才称得上是修心的真功夫。

度阴山曰

连饭都吃不饱，还愿意将自己仅剩的面包分别人一半，这只有怀着一颗极度善良的心的人才能做到。现实中这样的人多吗？非常少，大部分的人即使衣食无忧，也不愿意为他人伸出援助之手。但正是因为少，才显得可贵，令人敬佩。

在喧闹中专心学习，这看上去是行为艺术。但要注意的是，古人这样做，不是为了学习知识，而是锤炼自己的定力，可称得上是修心的真功夫。能够将外界的干扰屏蔽，一心在书上，那自然也能将这功夫用在其他万事万物上。

情欲定律：情是对的，欲是错的

原文

人生只为欲字所累，便如马如牛，听人羁络；为鹰为犬，任物鞭笞。若果一念清明，淡然无欲，天地也不能转动我，鬼神也不能役使我，况一切区区事物乎！

译文

人如果受欲望摆布，就会像牛马或鹰犬一样，被人牵扯、殴打，任人使唤。如果内心如明镜一样清澈光明，无欲无求，那么无论是天地还是鬼神都无法摆布我，更何况是那些不值一提的小事呢！

度阴山曰

我发现古人存在一种"情欲定律"：情过了或者不及就是欲。比如，孩子生病了，情感告诉我们要悲伤，但是做父母的不但悲伤，而且把自己哭死了，这就是过了，称为欲。再比如，我家中有一年的粮食，又有美女老婆，我食色皆可，这就是情，但我非想把隔壁老王家的粮食和老王的老婆拿来，这就过了，就是欲。

人不会为情所累，而会为欲所累。因为在情这里，你关注的是你拥有的，你内心是安定的、踏实的。而在欲那里，你关注的是你还未拥有的，你内心是漂浮、蠢蠢欲动、毫不歇息的，所以你累。

一旦你心中全是欲，你就被欲控制了。这个控制很恐怖，遥控（遥遥控制）你，让你永远见不到它，却始终活在它的淫威之下。

我们如何摆脱欲望的控制，一个釜底抽薪的办法是不要有欲望，做到无欲无求，自己是自己的主人。

可这连圣人都做不到。因为人很多时候都是情绪化的，情一不小心就会变成欲。所以，迄今为止最有效的方式是见缝插针：每当想"欲"时，抽空想想"情"。

每当看到别人有美女陪伴，因自己无法拥有而心痒难耐时，请想想自己的老婆。她当初也是貌美如花，只是岁月流逝，红颜衰老。每当看到别人富得流油，因自己无法拥有而气急败坏时，请想想自己的钱包，然后告诉自己：真正拥有的才是真实的，别人的再美好，也是空虚。

人为什么要脚踏实地？因为你踩空时会摔死啊。别老想着一步登天，一步登天就是欲。

没有责任心的人反而心累

原文

贪得者身富而心贫,知足者身贫而心富;居高者形逸而神劳,处下者形劳而神逸。孰得孰失,孰幻孰真,达人当自辨之。

译文

贪心的人物质富裕而心贫穷,知足的人物质贫穷但心富裕;在高位者身闲而神劳,处低位者则身劳而心闲。谁得谁失,哪个真哪个假,通达事理的人可以辨别一下。

度阴山曰

贪心的人不停进取,物质回报高,但没有歇息之时,所以心一定累而贫穷。心贫穷的临床症状就是永远都在忙碌,纵然身体已经歇息,心还在泛游,哪怕是睡觉,心也让你梦境连连。知足之人的心肯定是富裕的,因为有太多时间可以让心停下来歇息。

孟子说,人分两种,一是劳心,一是劳力。高位的人往往劳心,低位的人往往劳力。其实这是误区,有责任心的人,无论在什么位置,都会劳心劳力;没有责任心的人,无论在什么位置,都不会劳心劳力。

你以为有责任心的人会特别累?恰好相反。因为有责任心的人追逐时间,不知时间流逝;没有责任心的人和时间大眼瞪小眼,最后累个半死。

为什么英雄少，庸人多

原文

众人以顺境为乐，而君子乐自逆境中来；众人以拂意为忧，而君子忧从快意处起。盖众人忧乐以情，而君子忧乐以理也。

译文

大部分人都在顺境中得到快乐，而君子的快乐却从逆境中得到；大多数人遇到不符合心意的事就会忧虑，而君子的忧虑则是遇到符合心意的事。这是因为大多数人的忧愁或快乐受情绪支配，君子的忧愁或快乐则受天理支配。

度阴山曰

中国古代文化中的君子乍听上去如神经病：大家都在顺境中得到快乐，而他却从逆境中得到快乐；大多数人遇到符合心意的事都乐，而他却忧虑。

所以说，中国古代文化中的君子是逆人性的，只有在逆人性中，他才能把自己锻造成君子。

君子的思维方式也不同于常人。常人判断一件事情的好坏是这件事是否符合自己的心意，而君子判断一件事情的好坏是这件事是否符合天理。

人本就是情绪化的动物，常受情绪左右，而君子却逆人性，遵循天理。正因理性，所以他们往往会做出常人做不到的事情。情绪化的一生是普通人的人生，理性的一生则是少有的变异。英雄少，庸人多，根源就在此。

羞耻心和懊悔心是善的根源

原文

谢豹覆面,犹知自愧;唐鼠易肠,犹知自悔。盖愧悔二字,乃吾人去恶迁善之门,起死回生之路也。人生若无此念头,便是既死之寒灰,已枯之槁木矣。何处讨些生理?

译文

谢豹遮面,都知害羞;唐鼠吐肠,还知懊悔。羞愧和懊悔是我们祛除恶念、回到善行的大门,起死回生的大路。人如果没有羞愧和懊悔的念头,和灰烬、枯木没有区别,根本没有重生的希望。

度阴山曰

人没有房子、没有车子、没有女子、没有票子不要紧,只要有两样东西,就可以招来这些东西。这两样东西就是羞耻心和懊悔心。

知道羞耻的人,不会去做坏事。虽然不主动为善,但不作恶,就是善。

知道懊悔的人,说明你知道善恶。做了恶事后主动改正,恶就变成了善。

简单而言,羞耻心和懊悔心会把一个人雕塑成善人。所谓善,并不仅仅是美好的品德,还是合适的方式、合适的心态、拥有处理问题的合适的方式、合适的心态,无论你之前是枯木还是死灰,都能起死回生。

集体主义的文化之源

原文

异宝奇琛，俱民必争之器；瑰节奇行，多冒不祥之名。总不若寻常历履，易简行藏，可以完天地浑噩之真，享民物和平之福。

译文

特别的珍宝，肯定是人们争抢的器物；珍奇的名节和行为，多会招来不祥的名声。总不如普通的经历、平常的行止，能保全天生的淳朴真性，享受万物带来的和平的福气。

度阴山曰

我发现中国传统思想中存在一个"拉齐定律"：所有人必须保持高度一致，不能有鹤立鸡群的人，也不能有武大郎般的人，大家都一样高矮。

这个定律的反面就是，枪打出头鸟，树大招风，敢为天下先的人非死不可，等等。

你翻遍历史，会发现"拉齐定律"在处处发挥作用，冒尖的人被认为不吉利，木秀于林，风肯定搞你，所以你要和大家保持一致，平平淡淡、普普通通、整齐划一，这样就能保全自己，享受福气。

在这种文化的强烈熏陶下，古人拥有了高度的集体主义意识，对个人自由、个人主义毫无兴趣。于是，无论有多少人，都能被看作一个整体，而且的确是一个整体。你今天所看到的集体主义、动员能力，政府管理当然是重要的原因，但还有一部分则是源于"拉齐定律"。

"拉齐定律"对我们的影响，比我们想象的还要大。

福祸与"蟑螂定律"

原文

福善不在杳冥,即在食息起居处牖其衷;祸淫不在幽渺,即在动静语默间夺其魄。可见人之精爽常通于天,天之威命即寓于人,天人岂相远哉!

译文

福运并不在幽暗深远之地,在日常饮食起居中就有迹象了;灾祸并不在幽暗遥远处,在平时言谈举止中就有端倪。可见人的精神是常常和上天相通的,上天的命令也会躲藏在人的身心里,天和人会相隔得远吗?

度阴山曰

你以为好运和灾祸是神龙,藏在九天之上,其实它藏在你平时的生活和工作中。人的精神固然与天相通,然而天没有时间和精力管理你的好运和灾祸。你全部的好运或灾祸,都是你平时积攒的结果。它们好像是蟑螂,平时看不见,可当你看到一只时,那说明你的房间已经有百只了。

这就是"蟑螂定律"。它告诉我们,不要以为看不到就没有,所有的灾祸或福运都在你身边的暗处,一旦爆发,势不可当。

第四章 闲适

内心愉悦不必非去大自然

原文

昼闲人寂,听数声鸟语悠扬,不觉耳根尽彻;夜静天高,看一片云光舒卷,顿令眼界俱空。

译文

白天清闲而人稀,听鸟儿婉转悠扬地鸣叫,不由得耳根完全通透;夜晚宁静而天空,看着云中的光芒在舒展卷缩,顿时让人眼界大开。

度阴山曰

因为科技落后,所以古代大部分地区都是闭塞的农村,而农村贴近大自然。古代的知识分子身处其中没有办法,只能尽情歌颂大自然。比如听听鸟叫之类的白噪声,看看夜晚的白云,的确让人赏心悦目。

不过要明白,对于现代人而言,不要认为贴近大自然就可以心情愉悦又高寿,我们高寿是因为医学的飞速进步。只要我们内心完美,在什么环境下都可以愉悦,不必非去亲近大自然。

人生如棋，玩玩就好

原　文

世事如棋局，不着得才是高手；
人生似瓦盆，打破了方见真空。

译　文

世上的事好像一局棋，不执着的才是高手；人的一生好似瓦盆，打破了才见真正的空无。

度阴山曰

如果世事是盘棋，那下棋的人是老天爷还是你自己？如果是老天爷，那就和你无关；如果是你，请问你是在棋盘外下棋，还是在棋盘内充当棋子？

这就是人生玄机所在，在棋盘内的人处处计较，因为那关系着他的生死存亡。只有在棋盘外下棋的人，才会不计较输赢，因为可以重新来过。"不着"就是不要进棋盘，要在棋盘外。可无论是在棋盘内还是棋盘外，最后我们得到的都是一场空，如同瓦盆碎裂后，里面的一切一无所有。明白了这个道理，你就明白该如何下人生这盘棋了——玩玩就好，不必当真。

"高手不见"论

原文

龙可縻非真龙,虎可搏非真虎,故爵禄可饵荣进之辈,必不可笼淡然无欲之人;鼎镬可及宠利之流,必不可加飘然远引之士。

译文

可以被驯养的龙不是真正的龙,可以与其搏斗的虎不是真正的虎,所以官爵俸禄能诱惑喜欢高位、拼命向上爬的人,却不能笼络淡然无欲的人;用锅煮人这种酷刑只能波及那些喜好名利的人,绝不可能施加于超脱世俗的隐士。

度阴山曰

我将其命名为"高手不见论":真正的高手不出山,出山的都不是高手。这种思维的奇特之处就在于,你看到的永远不是最真实的。比如传统武术拳师被现代散打师傅揍得鼻青脸肿,这种思维就发挥了巨大威力:真正的传武高手是不会出来打的,出来打的那些根本就不入流。

你看,轻轻转换思路,就把尴尬、失败全部化解,反败为胜。可以驯养的龙不是真正的龙,反之,真正的龙是无法被驯养的。那我们永远都见不到真正的龙,因为凡是你见到的龙,肯定是被驯养了,否则它不会老老实实地站在那里像模特一样被你欣赏。

所见之处,官爵俸禄永远都诱惑的是那些拼命往上爬的人,而没有被诱惑的隐士，我们根本见不到；酷刑几乎可以让所有人都屈服，没有屈服的，其实我们也看不到。

"高手不见论"是想告诉我们，你看到的永远都不是最真实的，最真实的是你永远都看不到的。

你的人生为何忙

原文

一场闲富贵,狠狠争来,虽得还是失;
百岁好光阴,忙忙过了,纵寿亦为夭。

译文

一场和正事无关的富贵,拼命得来,虽得到其实是失去;百年的好时光,忙忙碌碌地过去,虽然是百岁高龄,但其实是短命。

度阴山曰

古人认为人生的正事是做圣贤。如何成为圣贤?就是要立德、立功、立言。简单而言,要有自己的价值观,可以养家糊口,顺便为社会做点贡献,当然最重要的是要有一些基本的美德。大多数人都可以做到这三点,按这三点得来的富贵就是真富贵。如果是处心积虑得来的富贵,那就是和正事无关的假富贵。假富贵虽然看着客观存在,但老天最终会帮你把它变成虚无。

如果你能活一百岁,你能自主的时间可能只有三四十年,而这仅有的三四十年中,你还会做许多自己不喜欢做的事,最后属于你的真正自由的时间只有区区几年。从这个角度而言,我们每个人都在白活。只不过有些人只活了一天,重复了一百年,有的人却活了很多天,有滋有味。人生本就忙碌,不同在于,有人不知为何而忙碌,有人却知道。

高位者很难亲民

原 文

高车嫌地僻,不如鱼鸟解亲人。
驷马喜门高,怎似莺花能避俗。

译 文

高官总是嫌弃普通人家地方偏僻,车马无法到达,不如饲养的鱼鸟能理解人性、与人相亲;显贵爱好攀附高贵的门庭,怎比得上黄莺和鲜花能超脱俗气。

度阴山曰

很多人都有种疑问,古代那些高高在上的大官怎么那么蠢?他们难道听不到底层的声音吗?

事实就是,身在高位者的确很难做到亲民,这也是《大学》苦口婆心地教诲儒家门徒必须要亲民的缘故。不过,如果我们站在高位者的角度来看,亲民的确是件难事。

因为工作繁忙,身边的小人又多,各种歌功颂德、虚报消息的人不胜枚举,所以你根本没有精力也觉得没有必要去亲民,你以为你的爪牙们已经替你亲民了,而且做得很好。实际上,许多有权势的政治家倒台,就缘于把亲民的任务交给了走狗,而不是亲自去做。事实上,他也很难做到亲民。这就叫定数。

人生会不会真的就是一场梦

原文

红烛烧残，万念自然厌冷；
黄粱梦破，一身亦似云浮。

译文

红色蜡烛即将烧尽，所有的念想都趋于冷淡；黄粱大梦醒来，感觉身如浮云一样缥缈。

度阴山曰

人如果没有理想，和咸鱼有什么分别；人如果一生都只停留在理想上，那肯定会成为咸鱼。我们只在年轻时，念想最激烈澎湃，年老时则会发现一切都是空。这个道理千万不能反着来：年轻时过于"佛系"，认为一切都是空；年老时才发现没有饭吃，到处捡垃圾。

黄粱一梦是中国传统哲学中最经典的一个片段，它告诉我们，一切富贵都如梦。还有一个片段则是庄周梦蝶。二者合一，才能更完美地诠释世间如梦，梦如世间。你在梦中享受的荣华富贵，也就等于在世间享受了。因为无论你享受与否，你永远分不清哪里是现实、哪里是梦。

享清福,是一种什么感觉

原文

千载奇逢,无如好书良友;
一生清福,只在碗茗炉烟。

译文

纵然是一千年才遇到的人和事,都不如有价值的一本书和一位真正的朋友;一生清闲安适的生活,只需要一杯清茶和一炉香烟。

度阴山曰

想要遇到真正对你有意义的一本书,或一位知己,那真的是千载难逢,你可能真的需要修行千百年才能遇到。古人对"福"的最高企盼是"清福",一个"清"字,让人不得不感叹古人的想象力和精神境界:"清"只需要一杯清茶和一炉香烟就可做到;"福"则必须由心制造,只有心中清闲,才能享受真正的清福。

有一种病叫穷病

原文

蓬茅下诵诗读书，日日与圣贤晤语，谁云贫是病？樽垒边幕天席地，时时共造化氤氲，孰谓醉非禅？兴来醉倒落花前，天地即为衾枕。机息坐忘盘石上，古今尽属蜉蝣。

译文

在茅草屋中诵诗读书，如同与古圣先贤当面交谈，谁说贫穷是病？以天为幕，以地为席，尽情酣饮，随时都与大自然气息相通，谁能说醉酒不是禅理？在野外耍高兴了就醉倒在落花前，天当被子地当席。以与世无争的心态坐在石头上，想想古今人物，都如虫子啊。

度阴山曰

世界上有一种病，是穷病。无论什么时代，无论什么政体下，绝大多数人都难逃此病。所以，能富裕尽量富裕，不要掉进古人歌颂贫穷的胡说八道的陷阱中。

不过，这种穷病和另一种穷病比起来，不值一提。另一种穷病就是心穷。

所谓心穷，是对任何东西都想据为己有，而不是纯粹地欣赏。一朵花在那里，我们只要纯粹欣赏它，这就是心富，可如果你总想摘下它带回家，这就是心穷。总是想把属于天地的东西纳为己有，你的心就永远处于贫困中。

这就是神乎其神的禅的道理。

锻造自己的气场

原文

昂藏老鹤虽饥,饮啄犹闲,肯同鸡鹜之营营而竞食?
偃蹇寒松纵老,丰标自在,岂似桃李之灼灼而争妍!

译文

气宇轩昂的老仙鹤,虽饥饿万分,但饮水吃食间依然保持着悠闲自得,怎会像鸡鸭那样为吃食而狂奔乱跑、毫无体统呢?枝干弯曲困顿的寒松,纵然很老,但仍然标致,桃李怎么能和它争抢美丽?

度阴山曰

记住一句话:你大爷永远都是你大爷。不要认为大爷老了,退出江湖,就没有当年的能力和风范。老仙鹤和松树就是你大爷,虽然老了,可仍然是你大爷。

俗话说,落魄的贵族也是贵族,暴富的穷人终究是暴发户。人和动物、植物一样,都有属于自己的气场,这气场是别人无论如何都学不来的。充分发挥自己的气场,把自己锻造成大爷,而不是沦落成孙子,这就是人生的正途。

身在福中不知福

原文

吾人适志于花柳烂漫之时,得趣于笙歌腾沸之处,乃是造化之幻境,人心之荡念也。须从木落草枯之后,向声希味淡之中,觅得一些消息,才是乾坤的橐籥,人物的根宗。

译文

我们在鲜花烂漫、杨柳依依的时候舒适自得,在鼓乐喧天的地方获得趣味,这只是大自然造出的幻境、人心不真实的念头而已。只有在树木掉落、花草枯萎以后,在声静味淡的安静之中寻觅一些真谛,才能感悟到天地的动力源泉、人和物的根本。

度阴山曰

身在福中永远不知福有多深。若要更清楚地看到自己的福气,就要离开舒适区,去体验下相反的生活。我们在鲜花和掌声面前总感觉不到幸福,在横流物欲前总感到不满足,但这一切都是幻想,因为你中了"身在福中不知福"的咒语。

跳出繁华热闹,进入清冷平常,你才会明白天地与人世的模式。它们的模式是一样的:身在福中永不会知福,只有短暂地离开福,才能真正地知道福,才能珍惜福。知道了珍惜,就已做到天人合一。

别高看了事功

原文

静处观人事,即伊吕之勋庸、夷齐之节义,无非大海浮沤;

闲中玩物情,虽木石之偏枯、鹿豕之顽蠢,总是吾性真如。

译文

理性地看人事,即使是商王朝的权臣伊尹和为周王朝建立功勋的姜子牙,还有誓不吃周朝粮食的商朝遗民伯夷、叔齐的节操与义行,不过是大海中的泡沫;闲着无事可做而琢磨事物的情理,会发现树木山石的半死不活、鹿和猪的愚笨,才是真正的人性。

度阴山曰

万物理论上是平等的,比如姜子牙、伯夷和树木山石、鹿和猪都一样。所以,姜子牙他们惊天动地的事功在鹿和猪看来,没什么稀奇。鹿和猪的愚笨,姜子牙也有。

我们往往高看那些成功人士,其实我们高看的并非他们,而是他们所建立的事功。问题是,古人最不重视的就是事功,认为事功和泡沫一样。如果把每个成功人士的泡沫都消除,那他们和山石、树木、鹿、猪就是一样的,这不是贬低人类,而是事物的本质就是如此。

人无法做到感同身受

原文

花开花谢春不管，拂意事休对人言；
水暖水寒鱼自知，会心处还期独赏。

译文

春天从来不管花儿的开谢，所以不开心的事少和别人讲；水是暖是冷，只有鱼自己知道，自己明白的地方就独赏吧。

度阴山曰

人和人之间最大的问题就是，无法做到感同身受。当你疼得死去活来时，医生却无动于衷，并非因为医生无情，而是他无法和你共同体验疼痛。

于是，无论是孟子的仁者爱人，还是王阳明的良知交换、共享，都显得有些像海市蜃楼。如果无法做到感同身受，那些把你折磨得要死的心理和生理的痛苦就无人可以真正理解，你和别人诉说，一开始会有效果，但效果会随着诉说次数的增多而减弱。

人其实就是为了自己活，自己和自己诉说、倾听，凡事向心中求。向心中求的目的就是找到心中的那个自己，那是一条鱼，冷暖自知的鱼。

世间本无事，庸人自扰之

原文

闲观扑纸蝇，笑痴人自生障碍；
静觇竞巢鹊，叹杰士空逞英雄。

译文

无事时观看扑打纸窗的苍蝇，想那些愚痴的人自设障碍，真的很可笑；静静地观看竞相争抢巢穴的喜鹊，感叹那些杰出人士也是自逞英雄。

度阴山曰

世上本没有事，愚蠢的人多了，就有了事。其实世界上所有的事，都由人制造。王阳明心学有句话叫"生事事生"：事都由人生出，人生事，回头摆平这个事，好像是制造个炸弹，又去拆炸弹一样。

人类社会就如一架机器，起初特别简陋，人开始改进它，装饰它，变得越来越复杂。我们的心最开始是单纯的，随着我们向心中装了越来越多的东西，心就变得复杂。

从老天的视角看，我们就是苍蝇，就是喜鹊。

人为什么怕死

原文

看破有尽身躯,万境之尘缘自息;
悟入无怀境界,一轮之心月独明。

译文

若能看透生死,万境尘世使人产生欲望的因缘便可自然停止;如果能觉悟进入无怀氏那样淳朴的境界,内心中当升起明月,心性自然清明澄澈。

度阴山曰

看破生死,是人类永恒的难题。大多数人恐惧死亡,是因为有记忆,记忆给人虚构了一个美好人生,它会滤掉那些使自己痛苦的东西,留下使自己开心的东西,比如亲情,比如爱情,比如富贵,比如名利。

人一旦记住了这些喜欢的事物,就会尽力珍惜,从而对死亡带来的失去恐惧。这只是我们恐惧死亡的一方面,另一方面是,人类创造了"死亡是恶"的天理,比如"生命美好,死亡丑恶",比如"人生只有一次,死后就烟消云散"。虽然宗教创造了我们死后的美好世界——天堂,可相信的人毕竟是少数。人认为"生美好、死可怕",并反过来受它所困。若想看破生死,就要学会淡忘甚至忘记,同时要学会拒绝人类自己创造的"死亡可怕"的"天理"。

歌颂贫穷是种病

原文

木床石枕冷家风，拥衾时魂梦亦爽；
麦饭豆羹淡滋味，放箸处齿颊犹香。

译文

睡木床、枕石枕的日子虽然清寒，但抱着被子睡时会觉得做梦都是香甜的；粗茶淡饭虽然清淡，可放下筷子会觉得唇齿之间留有余香。

度阴山曰

有钱人的快乐你想象不到，没钱人的快乐你更想象不到，比如这个睡硬板床、枕石头、一辈子都吃粗粮的人，居然做着香甜的美梦，饭后会在唇齿之间留下咸菜的清香。

这种人是不是我们应该敬佩的人？当然不是，因为追求美好生活是每个人的良知，我们不能以穷为傲，我们要追求富裕。如果追求不到富裕，那再谈做美梦和唇齿之间留有余香的问题。古人有种病叫"受穷狂"，歌颂贫穷，连带着歌颂遭遇贫穷后的平静心态。

如果人人都能耐住贫穷，那没有问题。问题是，食色性也，没有人受得住的。所以"受穷狂"是逆人性的变态，我们应该歌颂富裕，争取心安的富裕，而不是对贫穷频送秋波。

虚伪之人，缺啥说啥

原文

谈纷华而厌者，或见纷华而喜；语淡泊而欣者，或处淡泊而厌。须扫除浓淡之见，灭却欣厌之情，才可以忘纷华而甘淡泊也。

译文

大谈特谈对荣华富贵厌恶的人，可能特别喜欢荣华富贵；夸赞生活淡泊的人，可能特别不喜欢淡泊。必须扫除对荣华富贵和生活淡泊的有意评价，才能真正地不喜荣华富贵而欢喜淡泊生活。

度阴山曰

对虚伪的人而言，嘴巴是超级武器，它的功效就是"缺啥说啥"：有人缺钱，就总提不缺钱；有人缺自信，就总提自己不自卑，有人缺淡泊之心，就总大谈特谈对荣华富贵的厌恶，有人缺良知，就总谈致良知。

所以，我们要真正认识一个人，只须看他天天说什么，刻意强调什么。"嘴巴缺啥说啥"，我们就能从中看到他的真实嘴脸。

或许有人问，如果他真是心理合一的人呢？这种人凤毛麟角，以你的运气大概碰不到。万一真碰上了，那就让时间去检验他。

亲近大自然，找到你自己

原文

"鸟惊心""花溅泪"，怀此热肝肠，如何领取得冷风月？"山写照""水传神"，识吾真面目，方可摆脱得幻乾坤。

译文

听到鸟啼而惊心，看到春花凋落而流泪，有这种感时伤事的火热心肠，怎能领略清风明月的冷落情景？让山川反映形象，让流水传递精神，在山水中认清我们的本质，才有可能摆脱虚幻世界的牵绊。

度阴山曰

杜甫在国破山河碎的情况下，听到鸟叫就心惊胆战，看到春花凋落就泪流满面，这说明他高度敏感。也只有高度敏感的人，才能更容易体察天地万物，形成万物一体的世界观；也只有高度敏感的人，才能在大自然中找到自己的本性，摆脱红尘的牵绊。人来自大自然，有一部分人把自己锻造成了有别于兽类的人，而有一部分则仍然保持着野蛮的本性。无论是哪种人，当真正理解大自然时，才能幡然醒悟，厌恶乌烟瘴气的俗世。

所以，亲近大自然是人类找到自己本质的唯一道路。

富贵和贫穷，怎么选

原文

富贵得一世宠荣，到死时反增了一个恋字，如负重担；贫贱得一世清苦，到死时反脱了一个厌字，如释重枷。人诚想念到此，当急回贪恋之首而猛舒愁苦之眉矣。

译文

富贵的人一生受尽恩宠荣耀，临死就会贪恋眼前的荣华富贵，结果是到死时反而有了贪恋，如同肩负起千斤重担；贫贱之人终生受尽清贫困苦，临死就不用再厌倦生前的贫困，结果是到死时反而解脱了厌倦，如同卸下了沉重枷锁。如果大家真能明白这样的鲜明对比，就可以迅速转回贪恋的头，展开愁苦的眉。

度阴山曰

这段话，我们要动点脑子来看，作者是想告诉我们，无论你富贵还是贫穷，能量是守恒的。生时富贵，死时就要受点折磨；生时贫穷，死时就飘飘欲仙。可能事实的确如此，人贫穷的了一辈子，马上离开这倒霉的人世，应该会高兴。而富贵人富贵了一辈子，要离开这温柔乡，当然难舍难分。

如果这两个选项可以选，你会选哪种？

自欺的人,是乐观主义者

原文

人之有生也,如太仓之粒米,如灼目之电光,如悬崖之朽木,如逝海之一波。知此者如何不悲?如何不乐?如何看他不破而怀贪生之虑?如何看他不重而贻虚生之羞?

译文

人的生命,好像谷仓中的一粒米那样渺小,像耀眼的闪电那样短暂,像悬崖上年久的朽木那样岌岌可危,像狂暴大海中的一朵浪花那样稍纵即逝。知道了这些,如何能不悲哀,又怎能不乐观?为何不能看破而总有不能长生的忧虑,又怎能不看重自己的一生而留下虚度光阴的耻辱呢?

度阴山曰

知道自己生命的渺小、短暂、危急、稍纵即逝,也就知道了生命消失是必然。如果它是必然,何必悲哀?怎么能不乐观生活?生命消失是必然的,你就没必要寻求长生之道了。这种说大道理连傻子都懂,可世界上最精明的人都做不到。因为人有意识,他可以描绘世界和自己的人生,无论生命的现实多么残酷,人都可以将其描绘成美好画卷,然后自欺地活下去。

我们把看清生命残酷现实的人称为悲观主义者,而把自欺的活着的人称为乐观主义者,这是多大的讽刺啊。

不争是团结他人的最好方法

原文

鹬蚌相持,兔犬共毙,冷觑来令人猛气全消;
鸥凫共浴,鹿豕同眠,闲观去使我机心顿息。

译文

鹬蚌相争渔翁得利,狡兔死走狗烹,冷静地看这些事,顿时丧失了进取的勇猛气概;鸥鸟和野鸭在一起戏水,鹿和猪共眠,看到它们,那些巧诈诡变的心顿时消失。

度阴山曰

老子的"不争而善胜"堪称世界第一阳谋:只要我不争,韬光养晦、卧薪尝胆、老老实实,你都不好意思搞我。而争来争去就非常麻烦,要么被他人得利,要么杀敌一千、自损八百。

鸥鸟和野鸭不是一路人,鹿和猪不是一路货色,却能相安无事地生活在一起,就是因为它们都"不争"。可见只要祛除心中的"小九九",没有什么人是不能团结在一起的。之所以不能团结在一起,就是因为每个人心里的"小九九"太多。

左手迷，右手悟

原文

迷则乐境成苦海，如水凝为冰；悟则苦海为乐境，犹冰涣作水。可见苦乐无二境，迷悟非两心，只在一转念间耳。

译文

人执迷时，快乐都能成痛苦，如同水变成冰；觉悟时痛苦也能成快乐，如同冰化为水。由此可见，痛苦和快乐没有不可逾越的鸿沟，迷和悟也不是两种心态，只是一转念的事。

度阴山曰

迷有两种，一种是看不清，一种是看得太清。悟有两种，一种是看清，一种是假装看不清。可无论是迷还是悟，并非冰炭不容，而更像水和冰。即是说，迷和悟本质上一样，都是人观看事物的清晰状态，迷时稍一看得清就觉悟，悟时稍一看得清就迷。

这是独属于中国的传统思想精髓，每个人都在迷与悟之间转来转去，转换的关节点则是念头。一念发动处，是迷就是苦海，是悟就是天堂。

年轻人要狂放,老年人要淡泊

原文

遍阅人情,始识疏狂之足贵;
备尝世味,方知淡泊之为真。

译文

阅尽人情世故,才知狂放不羁的可贵;尝遍人生百味,才明白平平淡淡才是真。

度阴山曰

传统文化中许多心灵感悟的读者都是老人。比如"平平淡淡才是真"这句人生感悟,你必须要经历人生大部分沧桑后,才会真正信服这句话,如果你正年轻,正要闯荡江湖,那这句话对你而言就完全没用。

狂放不羁是年轻人的专利,老人家如果狂放不羁,那就是疯了。而当你意识到狂放不羁难能可贵时,你已经老了。年轻人不会意识到,因为那是他的本性。

孩子要富养,无论男女

原文

地宽天高,尚觉鹏程之窄小;
云深松老,方知鹤梦之悠闲。

译文

只有知道大地宽广、天空高远,才意识到大鹏展翅高飞的行程仍显得不值一提;唯有体会到云迷雾锁、松寿千年的如梦如幻的情境,才知道超凡脱俗的仙鹤在这里是何等的悠闲。

度阴山曰

环境可以改造人的思维,见过蓝天大海的人和见过井口之天的人,注定不会是一种人。在乌烟瘴气中成长的人和在明月清风下的人前程几乎不可能一样。我们要学仙鹤,挑选云迷雾锁的情境,千万别学那个待在井底的青蛙,只看到一片天,就认为天只那么大。

这个道理同样适用于家庭教育:孩子一定要富养,才能避免以后见识少,被人欺骗。

放手不是放手,而是放心

【原文】

两个空拳握古今,握住了还当放手;
一条竹杖挑风月,挑到时也要息肩。

【译文】

两个空拳可以握住天下,但握住后应放手歇歇;一条竹杖可以挑起美好的景色,但挑到了也要停下来歇息肩头。

【度阴山曰】

我发现古人有一个"放手"定律:得手后必须放手。有人就很疑惑,我千辛万苦得到的东西,你让我扔掉,这不是有病吗?其实没病。"放手定律"不是扔掉物质性的东西,而是扔掉继续握着物质的思想。"放手"不是放开手,而是放开紧抓不放物质的心。

你抓得越多就必须抓得越紧,抓得越紧就越容易提心吊胆,可能神经一崩,全部洒落。当你真正放开心的时候,手纵然放开,东西也不会掉落。

鸡汤大师让你放手,是在你没有得手时;真正的大师让你放手,是在你已赚得盆满钵满时。这两者有云泥之别,不可不辨别、提防。

什么是悟道

原文

阶下几点飞翠落红,收拾来无非诗料;
窗前一片浮青映白,悟入处尽是禅机。

译文

台阶下飞舞的翠叶和飘落的红花,收拾到心中就是作诗的材料;窗外浮现的青山辉映着白雪,能感悟便是禅机。

度阴山曰

看到青山辉映着白雪,你能想到什么?你能感悟出什么?你相信这一普通的自然景观充满了禅机吗?

这就是中国式悟道法则:只要你内心足够敏感和丰盈,任何一种场景都是禅机,都能让你迅速悟道。但这悟出的道,人人都不同。有人悟出的可能是白雪青山共在的和谐,有人悟出了青山不受白雪的压迫,仍显出自己的倔强来,还有人会悟出青、白符合五行。

无论你悟出什么,青山和白雪只是个媒介,真正的禅机不在青山白雪,而在你心中。知此则知中国式悟道的法则。

有些事，不必通过中介

> **原文**

忽睹天际彩云，常疑好事皆虚事；
再观山中闲木，方信闲人是福人。

> **译文**

不经意间看到天边彩云转眼消散，于是怀疑美好的事都是虚幻的事；再看山林中毫无用处的古木自在生长，终于相信清闲之人正是有福之人。

> **度阴山曰**

人类特别喜欢把世界万物当成心和理的中介，通过这个中介，让心得到理；比如，通过彩云这个中介，我们得出了人生美好事物易成虚幻事物的天理，通过毫无用处的大树这个中介，我们得出了清闲（无用）之人就是有福之人的天理。

无论通过什么中介，我们总会得出相应的天理来。其实天理根本不在彩云、大树上，而是在我们心中。正如我们买房，根本不是中介给我们的，而是我们自己掏钱买的，钱本来就在我们身上，正如理本就在我们身上一样。

其实我们如果有钱，根本不需要中介就可以买到房子。正如我们只要有心，根本不需要通过彩云就可知人生美好之事会变成虚幻之事的天理。

人生无常，最后都是个死

原文

东海水曾闻无定波，世事何须扼腕？
北邙山未省留闲地，人生且自舒眉。

译文

东海的水从来不曾波平浪定，正如世事翻覆无常，又何须为此扼腕叹息？经常埋葬死人的北邙山上从不曾有空闲之地，任何人难免一死，那就暂且舒展眉头吧。

度阴山曰

我将这种思维称为"声东击西"思维：看似说的是东海、北邙山，其实说的是人生。人生一定就是如东海的水一样，世事反复无常吗？或者人生一定就像北邙山的坟墓一样，生命注定消逝吗？恐怕是注定的，因为你从这种声东击西思维中，的确挑不出问题来。

如果这一切都是真的，那就没必要扼腕叹息世事无常，也没必要整日皱眉，反正到最后，都是个无常，都是个死。

从天的视角看人，毫无意义

原文

天地尚无停息，日月且有盈亏，况区区人世能事事圆满而时时暇逸乎？只是向忙里偷闲，遇缺处知足，则操纵在我，作息自如，即造物不得与之论劳逸较亏盈矣！

译文

天地都没有休息之时，日月都有圆缺，何况是区区的人世，怎么可能每件事都圆圆满满，无时无刻都闲散安逸？人只要能在繁忙中抽出一点儿时间，能在有缺憾之时知道满足，就能把人生控制在自己手中，能做到劳逸结合，如此，纵然是造物主也不能与你争论劳苦劳还是安逸计较少还是多了。

度阴山曰

我将其命名为"移形换位"思维：人们从天地不休、日月有圆缺联想到人生上来，认为人生也是如此，所以就不必计较人生的缺憾，或是人生的痛苦了——因为老天都是如此啊。

这种思维源于古人独有的"天人合一"思想，简单而言就是，天是什么样的，人就应该效仿天。

将眼界从凡俗之物上抽离，从更广阔、更高远的天的视角去看待人间的万事万物，一切都变得毫无意义。这就好像从遥远的外太空看地球的人，和尘埃没有区别，也和尘埃一样没有意义。

没有鸡只有鹤是不行的

> 原 文

霜天闻鹤唳,雪夜听鸡鸣,得乾坤清纯之气。
晴空看鸟飞,活水观鱼戏,识宇宙活泼之机。

> 译 文

"在深秋的天空中听到野鹤的鸣叫,在大雪的夜晚听到村鸡啼叫",这就是大自然清纯的气息。"在晴朗的天空看见飞鸟闪过,在流水中观赏鱼儿嬉闹",这就是天地间富有活力的生机。

> 度阴山曰

大自然有高雅的仙鹤,也有人见人爱的鸡,天地间只要有鸟就有鱼,这叫"鸟飞鱼跃"。古人认为的大自然气息便是雅俗合一的仙鹤和家鸡,古人认为的宇宙间的生机则是天上飞的鸟和水里游的鱼。

鹤鸡鱼鸟,是古人对天地生机、气息的实物联想。世界上只有仙鹤没有鸡,就不称为世界;没有鸟只有鱼,也不能称为世界。世界应该是多姿多彩,不分善恶而存在的。

人是真理制造机

原文

闲烹山茗听瓶声,炉内识阴阳之理;
漫履楸枰观局戏,手中悟生杀之机。

译文

闲暇时煮山茶听着壶里声响,从炉中悟得阴阳道理;慢悠悠地去观看别人对弈,从棋子你来我往中领悟生死玄机。

度阴山曰

水本身就包含"阴阳"的道理,当它冷时是冰,热而为水,再热为沸水、为蒸汽,阴阳互相转换,冷热之间就拥有了阴阳之真理。下棋中也有道理,前面有各种各样的铺垫,突然一招立现杀机。无论是阴阳之理,还是生死玄机,其实道理都在人心之中。如果让一头驴来看人下棋千万年,它也看不出生死玄机。所以,人就是真理的制造机。

格物三境界

原文

芳菲园林看蜂忙,觑破几般尘情世态;
寂寞衡茅观燕寝,引起一种冷趣幽思。

译文

在花草茂盛的园林中看蜜蜂忙碌着采蜜,让人看破了多少世间百态、人心冷暖;在寂静的茅屋前看燕子悠然睡去,兴起一种异常的清冷趣味和幽深之思。

度阴山曰

中国古代知识分子处理事情的撒手锏叫"格物"。

"格物"有三境:第一境是见物格物,也就是说,我见到个美女我就研究、欣赏、流口水;第二境是见物不格,也就是说,见到个美女,特别担心自己会纵欲,于是闭眼逃走;第三境则是见物格心,也就是说,见到美女,就在心中格她,虽然她很美,但我已有老婆,不能对她动歪念。

我们用"蜜蜂采蜜"这个比喻来分析这三境。第一境见物格物,见到蜜蜂采蜜,就研究蜜蜂,它为啥要采蜜,怎么采蜜,最终如果我们方法得当,就会得出一个很好的结论来;第二境见物不格,见到蜜蜂采蜜,觉得稀松平常,担心浪费脑细胞,于是走开;第三境则是见物格心,见到蜜蜂采蜜,看到其劳碌奔波,采完蜜后又被狗熊或是人类偷吃,于是心中生起感叹:蜜蜂为谁辛苦为谁忙?我们的人生不也是这样吗?

第一境的思维论断，是真理在心外的事物上；第二境的思维论断，是去你的真理；第三境的思维论断，则是真理在我们心内。

三种境界没有对错的分别，只有思维方式的不同。你选择什么样的思维方式，决定了你会成为什么样的人。是成为像蜜蜂那样的人，还是燕子那样的人，选择权在你手中。

用想象力创造美好世界

原文

会心不在远,得趣不在多。盆池拳石间,便居然有万里山川之势,片言只语内,便宛然见万古圣贤之心,才是高士的眼界,达人的胸襟。

译文

善领悟的人不必远走天涯,懂生活的人也不必找太多乐趣。只要一个小小的池塘和几块形状各异的石头,就能像身处名山大川一般心醉神迷,简单几句话便如同见到了古代圣贤的思想精神,这才是高士的眼界、明事理的人的胸怀。

度阴山曰

想象力可以让人在心中创造一个心旷神怡的世界,在这个世界里,人能无限放大欢乐和情趣,而只需一点点外物当媒介。平庸的人一定是想象力匮乏的人,他始终活在客观环境中。高明的人拥有充沛的想象力,他活在自己想象出的世界中。

人是否幸福和幸运,决定因素其实就是想象力。所谓心生万物,心生天堂,心生地狱。如果有想象力,几块石头就是天地,几句话就是古圣先贤的妙语。如果没有想象力,天地只不过几块石头,古圣先贤只不过白骨一堆。

人应该学竹子和大山

原文

心与竹俱空,问是非何处安脚?
念同山共静,知忧喜无由上眉。

译文

人心如果像竹子一样谦虚而无杂,是非能在何处落脚?思绪若像大山那样沉静安稳,忧虑与喜悦便不会呈现于眉梢。

度阴山曰

竹子是古代知识分子最喜欢的植物之一,它被"格"出无数个理,比如中空而虚为谦虚这个道理。倘若我们能做到竹子那样中空而光滑不杂乱,那任何杂念都会滑落出去,包括是非。

倘若我们的念头能如大山一样沉静安稳,那喜怒就不会经常挂在脸上。并不是因为喜怒的表情不轻易挂在脸上,而是没有可挂的喜怒。你已经成为一座山了,还有什么事能让你喜怒形于色呢?

用竹子和山的某些品质来模拟人,对于内心强大、丰富的人而言,是多此一举。可对于内心不强大的人而言,还是需要心外之物作为中介,来引出本心具有的那些品质。

人生就是个钟摆，一边是无聊，一边是痛苦

原文

趋炎虽暖，暖后更觉寒威；食蔗能甘，甘余便生苦趣。何似养志于清修而炎凉不涉，栖心于淡泊而甘苦俱忘，其自得为更多也。

译文

接近火焰虽然温暖，但温暖过后会更觉寒冷；吃甘蔗非常甘甜，可甘甜之后会产生相反的苦涩。哪里像在清静修为中培养志气而炎热凉爽不去涉及，在恬淡中寄托心意而甘甜苦涩全都忘掉，这样才能获取更多的人生意义。

度阴山曰

西方思想家叔本华说，人生是个钟摆，在欲望和痛苦间徘徊，欲望不满足就痛苦，欲望满足后就无聊，无聊后又产生欲望，欲望不满足就又痛苦，欲望满足后就又无聊，如此周而复始。

加缪说，人生其实毫无意义，正因为毫无意义，我们才要好好地过下去，因为无意义比有意义更有意义。

没有接近火焰时，我们因为不温暖而痛苦，接近火焰之后得到满足，随即感到无聊。离开火焰后还会发现比之前更加寒冷，所以更加痛苦。

所以，思想家们出主意说，倒不如干脆忍受寒冷，就没有后来那么多无聊的痛苦了。

这倒是个好主意，问题是，有几个人可以做到呢？！饥饿时突然发现红烧肉却不吃？这不是"能不能"的问题，而是"是不是人"的问题了。这样想来，人似乎就是在痛苦和无聊间来回摆动，直到死去。

穷讲究是人生智慧

原文

席拥飞花落絮,坐林中锦绣团裀;
炉烹白雪清冰,熬天上玲珑液髓。

译文

坐在飞花落絮中,如同坐在林中的一张锦绣床被上;炉中煮着白雪清冰为水,好像在熬制天上才有的精华美液。

度阴山曰

仪式感又称为穷讲究,寒酸之人一旦穷讲究,那格调就大大不同。花落絮能成锦绣罗帐,白雪之水能作琼浆玉液。这是古人的讲究,放在今天,我们就要谨慎小心:因为飞花落絮有细菌,白雪之水不是纯净水,喝了会拉肚子。

据说当初清朝遗老们落魄后吃涮羊肉,因为没有太多的钱买羊肉,又不能让人看不起,所以穷讲究说,吃羊肉要一片一片地涮,而且要一片羊肉就一头糖蒜,结果羊肉吃不了几片,吃糖蒜可以吃饱。这就叫穷讲究。

穷讲究的妙用是什么呢?人一旦在内心深处穷讲究,就会显得与众不同;若是在行为方式上穷讲究,则会让生活充满让人敬畏的仪式感。所以,人穷不要紧,重要的是你要讲究!

在这里,"讲究"这两个字可能不仅仅指心理和行为上的精美,还指做人。

活给自己看,很痛苦的

原文

逸态闲情,惟期自尚;
清标傲骨,不愿人怜。

译文

飘逸的情趣只给自己欣赏,不媚俗的傲骨用不着别人肯定或怜爱。

度阴山曰

违逆人性的格言比比皆是,此处即其一。项羽曾说过,富贵不还乡,如锦衣夜行。这话没错,人人都有"富贵还乡"的情结,因为实质上,每个人都有一段时间是想活给别人看的。只不过聪明的人把这段时间尽力压缩,愚笨的人把这段时间扩充为一生。

倘若不许人富贵后还乡,就是一种逆人性,对当事人而言是残酷的。飘逸的情趣给自己欣赏,不媚俗的傲骨无须他人肯定,听上去堂堂皇皇,其实做起来比翻江倒海还要难,因为它在逆人性。

不需要别人的夸奖,我就能从飘逸的情趣中找到乐趣;不需要被肯定,我就能从傲骨中找到人生意义。这当然很好,但也没必要断然拒绝外界的欣赏和肯定。

人永远体验不到最好的

原文

天地景物，如山间之空翠，水上之涟漪，潭中之云影，草际之烟光，月下之花容，风中之柳态。若有若无，半真半幻，最足以悦人心目而豁人性灵。真天地间一妙境也。

译文

天地间有几种景色，比如山间翠竹，水上涟漪，潭中云影，草间雾气，月光下的鲜花，风中柳树。它们若有若无，真真幻幻，最能让人赏心悦目。真是天地间的绝妙之境啊！

度阴山曰

为什么得不到的东西最宝贵？第一，它客观存在；第二，它离你很远；第三，你一追，它就跑，而且对你永远若即若离。"若有若无，半真半幻"的事物最诱人，自然也最宝贵。

然而这种状态的事物，追求不到，痛苦；追求到后，又变成了不"半真半幻"的沦为二等的事物，所以人生真实体验到的永远都不是最好的。

万物都是哥俩好

原文

"乐意相关禽对语,生香不断树交花",此是无彼无此得真机。"野色更无山隔断,天光常与水相连",此是彻上彻下得真意。吾人时时以此景象注之心目,何患心思不活泼,气象不宽平!

译文

"乐意相关禽对语,生香不断树交花",这是万物一体的真机。"野色更无山隔断,天光常与水相连",说的是彻头彻尾的真意。我们若能将这两句话描述的景象放在心上,哪里还会担心心思不活泼,没有气派?

度阴山曰

万物一体的真机是天地万物都乐在其中,彻头彻尾的真意同样是万物一体的真机。古人喜欢把自己和大自然"捆绑销售",和大自然融为一体:你中有我,我中有你,不分你我,不分彼此,达成和谐。确切地说,我和万物是"哥俩好"。

当我们与大自然达成和谐后,我们的心思就活泼了,就感觉自己已脱离了渺小的肉体而进入了浩瀚的宇宙。万物一体,不仅是古人的世界观,还是让我们打开心怀、更有气魄的方法论。

一道选择题：绅士和烈士

原文

鹤唳、雪月、霜天，想见屈大夫醒时之激烈；
鸥眠、春风、暖日，会知陶处士醉里之风流。

译文

仙鹤的凄厉鸣叫、冰雪后的冷月、风霜满天，由此可想见屈原众人皆醉我独醒的震撼；沙鸥沉睡、春风和煦、阳光暖暖，由此可领会陶渊明虽醉亦潇洒的温馨。

度阴山曰

我将其称为"醉醒博弈"：几乎在古代所有为人处世的讨论中，都有这个博弈。众人皆醉我独醒不但寂寞，而且下场凄凉，你能想到的一切寒意都和自己醒着有关。若想活在温暖中，那就要和众人一起醉。古人在关于尘世中的"醒醉"上向来是一贯主张：醉！这其实是一种"难得糊涂"的表现。

醉的人，成为中规中矩的绅士；醒的人，成为英雄或烈士。五千年来，醉的人多，醒的人少。但醒的那些人，全部名留青史。

万物什么样,全由我来定

原文

黄鸟情多,常向梦中呼醉客;
白云意懒,偏来僻处媚幽人。

译文

黄莺多情,常常进入醉酒人的睡梦中;白云懒散无聊,飘到僻静处陪伴幽居之人。

度阴山曰

人常说万物有灵,其实除了人之外的万物灵性极小。我们之所以说万物有灵,不过是人类和万物互动后,给它们强行加上了个"灵气"罢了。比如蜜蜂,它采蜜只是本能,人类却非说蜜蜂勤劳为人类,大口吃着蜂蜜,这是典型的没羞没臊。

无论是黄莺还是白云,只在我们感知到它时,它才变得"有灵",才能多情入梦,在梦里飘来陪我们。所以,要想让万物有灵,你先要充分释放自己的灵性,因为你才是万物灵性的源头。

你有"与世为敌"的情怀吗

原文

栖迟蓬户,耳目虽拘而神情自旷;
结纳山翁,仪文虽略而意念常真。

译文

住在茅屋,虽见闻少,视野也并不开阔,但内心世界却明朗开阔;与淳朴的山中人交朋友,或许他们不懂得许多礼节,而且还会怠慢你,可他们的情意特别真诚。

度阴山曰

我将此种思路称为"与世为敌":所谓"与世为敌"思路就是,认定尘世的一切都是错的,尘世之外的一切都是好的。哪怕是见多识广、有礼有节这样受人赞赏的能力和品质,都不如尘世之外的孤陋寡闻、怠慢无礼等粗糙的特质。

这种出世的思想在佛道两家身上比较常见,而儒家往往崇尚入世。说到底,这只是一家一派的说法,没有对错之分,选择哪种处世方式,还得看你自己。

"知道"的两种方式

原文

满室清风满几月,坐中物物见天心;
一溪流水一山云,行处时时观妙道。

译文

清风满屋,月光也满屋,闭门在房中见到天地和自己的心;流水和山间的云,只有走出去才能看到,它们也是道所在处。

度阴山曰

老子曾说过,不出户知天下。后人说,老子预言了电视机和网络的发明。为什么不出户就能知天下?因为"天下"不是那个客观存在的天下,而是经过人思考后的天下。这个思考后的天下,不需要去行万里路,只要在心中玩命琢磨,即可获取。老子后来知的天下是小国寡民、无欲无求。但儒家的知,却是万卷书和万里路的二合一,万里路上,处处都是真知。至于哪种知的方式是正确的,没有定论,适合你的就是正确的。

"穿越悟道"法

原文

炮凤烹龙,放箸时与齑盐无异;
悬金佩玉,成灰处共瓦砾何殊。

译文

红烧、清蒸龙凤,吃完放筷后和吃腌菜没区别;悬挂、佩戴金玉,成为灰烬时和瓦砾一样。

度阴山曰

我将其命名为"穿越悟道"法:一眼看到当下应该享受的美好事物的未来。于是,所有鲜活的、热烈的、美好的事物都成了寂灭的死物。其实"穿越悟道"法则只能说给有经验的老人听,如果你说给初入社会,正准备大干一场的年轻人听,他非揍你一顿不可:我还未曾拥有,你就让我放弃,你这不是欠揍是什么?

中国古代的很多灵光智慧之语,受众其实都是老人家,年轻人很少吃这一套。但如果年轻人能多听些类似的智慧,就可以在社会上少吃一些亏。

抬头望月是赏月，低头看月是赏心

原文

扫地白云来，才着工夫便起障；
凿池明月入，能空境界自生明。

译文

扫地时，阳光照到尘埃，如同白云飘起，正要沉浸其中又产生新障碍；在地上凿水池，皓月映入池中，能保持境界的空明，智慧油然而生。

度阴山曰

在房间里扫地时，如果有阳光射入会看到尘土飘扬的景象，很是好看。人在这种尘土如云的情境中很容易恍惚。但随着你扫地动作的加快，一切幻境烟消云散，你又回到现实中。这说明，我们每个人都有进入境界的机会，只不过有人不修行，很少能进入这样的境界罢了。

人仰头看月，是赏月；低头看池中月则是赏心。人的智慧由静中来，而池中月就是智慧之神。

人不一定胜天,只要别输给天

原文

造化唤作小儿,切莫受渠戏弄;
天地丸为大块,须要任我炉锤。

译文

命运之神就是个顽劣儿童,千万不要受他戏弄;天地则是个巨大泥丸,可以任意锤炼成我想要的模样。

度阴山曰

这句话居然把命运之神称为臭小子(顽劣儿童),又说天地是大泥丸,能被我们改造。整句话都充斥着"人定胜天"的昂扬精神。

儒家的一代宗师荀子最早提出了"人定胜天"的理论,创造性地提出"制天命而用之"。当然,儒家的"人定胜天",不是违背天地自然的规律,想把自然改造成什么样就什么样,而是要在理解自然和社会运行规律的前提下,合理地对自然进行改造。直白而言,古人的人定胜天,不是赢老天,而是不输给老天。

人是感官动物

原文

想到白骨黄泉,壮士之肝肠自冷;
坐老清溪碧嶂,俗流之胸次亦开。

译文

想到死后化成白骨、进入阴间,即使是意气豪壮之士,也会心灰意懒;长久静坐在清澈见底的溪流、青绿如障的山峰前,哪怕是庸俗浅陋之人,封闭的心胸也会逐渐打开。

度阴山曰

年轻人千万不要总是想年老后的事情,这样会让自己意志消沉、热血耗尽。人终归会老、会死,重要的是年轻时有没有辜负那一腔热血。

人是感官强大的动物,美丽的风景和新鲜的空气能够让人的感官愉悦,从而影响内心的情绪。所以,感到情绪不好时,试着出门走走,这会让你心情好起来。

你一定误解了极简生活

原文

夜眠八尺，日啖二升，何须百般计较；
书读五车，才分八斗，未闻一日清闲。

译文

晚上睡觉只需八尺床榻，白天吃饭只需两升粟米，何必千方百计地追求除此之外的东西？有些人读完五车书，分得八斗才，却总忙着追求毫无意义的东西，结果是从无一日清闲。

度阴山曰

大家一定要辩证地看待这句话。在当代社会，如果你真的只有一张床、两升米，你很有可能没法生存。你上不起学，娶不到老婆，没法给子女提供好的教育，没法让家人活得舒心。简而言之，你只能苟活着。

但是，如果你有一栋别墅，家财万贯，而每天只睡一张单人床，只吃两升米，过简朴的生活，那完全没问题，甚至别人会称赞你这种极简生活。

记住，极简生活的前提是，你拥有足够的财富。

# 第五章 概论

君子的才华不要轻易显露

原文

君子之心事天青日白,不可使人不知;
君子之才华玉韫珠藏,不可使人易知。

译文

君子的所思所想应该如青天白日一样,没有不能让人知道的事;而君子的才华却应该像珍宝一样隐藏起来,不可轻易让人知道。

度阴山曰

如果你是君子,此心光明,那就不怕别人知道你的心事,因为你内外合一,心理合一。如果你才华横溢,那就不能让人知道你的本事。这是中国人的"藏"字诀。可能有的人会想:如果才华不让他人知道,那我拥有满肚子才华,岂不是浪费?

第一,你是为提升自己的心性而活,你所有的技能、才华都是为此服务的,所以即使不能用才华创造一片物质天地,只要能创造心灵的天地,也是物尽其用了。

第二,才华不是不能让人知道,而是不轻易让人知道。遇到贵人、明主,必须要让他们知道你的才华;遇到庸人、俗人,甚至是嫉贤妒能的恶人,才要藏。

第三,才华不可轻易示人,珍宝、财富同样如此,炫富和卖弄学问一样,都是人生大忌。

不爽定律

> 原文

耳中常闻逆耳之言，心中常有拂心之事，才是进德修行的砥石。若言言悦耳，事事快心，便把此生埋在鸩毒中矣。

> 译文

常常能听到些不中听的话，经常能遇到些不如意的事，这才是精进道德的磨石。反之，听到的永远是甜言蜜语，事事称心如意，那就等于把自己的一生葬送在剧毒中了。

> 度阴山曰

我将其命名为"不爽定律"：凡是让你爽的对你都有害，比如甜言蜜语、称心如意、顺风顺水；凡是让你不爽的对你都有益，比如逆耳忠言、事事不顺。这就是让大多数人很不爽的"不爽定律"。

"不爽定律"的正确性在于，它的确可以让人精进；而错误的地方则在于，过度遵从它，则会让我们失去对人生美好意义的探索，并失去信心。所以，它是把双刃剑，你要先有自知之明，才可以遵循它。

开心最重要

原文

疾风怒雨,禽鸟戚戚;霁月光风,草木欣欣。可见天地不可一日无和气,人心不可一日无喜神。

译文

狂风暴雨让飞禽感到哀伤、忧虑、恐惧不安;晴空万里会使草木茂盛,欣欣向荣。由此可见,天地之间不可以一天没有祥和之气,人的心里也不可以一天没有欢快的心情。

度阴山曰

人生在世,开心最重要。如果生活和工作压力太大,没有办法开心,那就想想在狂风暴雨中的鸟儿,再想想风和日丽下的草木。你是愿意做欣欣向荣的草木还是狂风暴雨中的鸟儿?

每个人的心中都住着一位喜神,他随传随到。人板着脸是一天,笑嘻嘻的也是一天,两个选项,自由选择。人生之好与坏,就看你和心中喜神的关系。与喜神关系亲密,你的人生就会好;一辈子都不想和喜神见面,你的人生注定要糟。

平常即非常

原文

醲肥辛甘非真味，真味只是淡；
神奇卓异非至人，至人只是常。

译文

浓烈、肥美、辛辣、甘甜不是真正的美味，真正的美味是清淡；神乎其神、卓尔不群的人不是至人，至人只是平常人。

度阴山曰

我将其称为"平常即非常"法则：非常的味道（美味）是平常的味道（清淡）；非常的人（至人）是平常的人（常人）。不过，这个法则没有告诉我们的是，你必须要品尝过那些非常的味道（浓烈、肥美等）才能相信，清淡是真正的美味。如果你没有品尝过前者，那后者就只是平平无奇。你必须要曾经神乎其神、卓尔不群过，才能深刻体悟至人就是平常人。如果你没有做过至人，那平常人就只是平常人。

如何正确观心

原文

夜深人静，独坐观心，始知妄穷而真独露，每于此中得大机趣。既觉真现而妄难逃，又于此中得大惭忸。

译文

夜深人静时，独自静坐审察内心，才能发现妄心全消而真心流露，每每在这个时候才能得到生命的真义；虽然觉察到了自己的真实本性，但由于平时杂念过多无法消除，于是感到羞愧。

度阴山曰

在夜生活极不丰富的古代，天黑之后人们除了睡觉就是静思。人在安静时，往往能听到内心最真实的声音，所以古人反思，常取静地。许多人大概一生都不曾通过静坐反省体悟生命真义，而即使是那些体悟到生命真义的人，也会在第二天起床后故态复萌。人生，就是在体悟到人生意义和浑浑噩噩生活中度过的，其中有宁静时的羞愧，也有热闹时的忘我，之后又是宁静时的羞愧，如此循环。打破这循环的办法是，体察到自己的真实本性后保持它，而不是忽略它。

人一定要知"止"字诀

原文

恩里由来生害,故快意时须早回头;
败后或反成功,故拂心处切莫放手。

译文

得到恩惠时往往伴随的是灾难,所以得心快意的时候要及时回头;受到挫折时也可能是另一种成功的契机,所以不如意时不可以轻易放弃追求。

度阴山曰

如果用一个字来概括获取美好人生的方法,那这个字恐怕就是"止"字,这里的"止"既是停止,也是不止。人生高潮时,要停止,适可而止;人生低潮时,要不止,永不停止。

一个"止"字就是我们每个人的人生咒语。牢记这个咒语,高峰时止住,低谷时不止,才能获得美好的人生。

鄙视财富不可取

原文

藜口苋肠者，多冰清玉洁；衮衣玉食者，甘婢膝奴颜。盖志以淡泊明，而节从肥甘丧矣。

译文

吃粗茶淡饭的人，大多具有冰清玉洁的品质；追求锦衣玉食的人，大多要卑躬屈膝。所以，从对名利的淡泊中可看出一个人高尚的志向，而高尚的情操在锦衣玉食中会轻易丧失。

度阴山曰

贬损物质财富是古代知识分子的一贯套路，因为古代的经济水平低下，吃不上饭的穷人居多，富人极少。所以为了让大多数人能获得心理安慰，就极力赞美固守贫穷。粗茶淡饭除了是高纤维食物外，绝不能保证吃它的人就冰清玉洁。同样，锦衣玉食的人也未必就卑躬屈膝，或没有情操。

希望这种"鄙视物质"的心态在今天这样的时代不要再出现，因为太不合时宜了。

生时少些敌人，死后多些友人

原文

面前的田地要放得宽，使人无不平之叹；
身后的惠泽要流得长，使人有不匮之思。

译文

做人要心胸开阔，与人为善，才不会招来别人的怨恨；死后留下的福泽，要能够流传长久，才会赢得后人无穷的怀念。

度阴山曰

我们俯瞰两只蚂蚁争夺零星半点食物时，觉得可笑；我们看两只蜗牛为了一处休息地拼命打架时更会笑其幼稚。我们的造物主看我们抢夺功名利禄如狗抢骨头时的感受，也相当于我们看蚂蚁、蜗牛时的感觉。其实无论你多么能争善斗、斤斤计较，你都会死去。与其生前死后被人怨恨、厌恶，不如少点斤斤计较，生时少点敌人，死后多些友人。

与人交往的两大心法

原文

路径窄处留一步,与人行;滋味浓的减三分,让人嗜。此是涉世一极乐法。

译文

经过狭窄道路时,要留一步让别人能过去;有美食,要分一些给别人品尝。这是为人处世中取得快乐的最好方法。

度阴山曰

和西方人在与大自然战斗中获取快乐不同,中国的古人喜欢在人际交往中得到快乐。如何在人际交往中获取快乐呢?两个心法:第一,要与人方便;第二,要恰如其分地分享。与人方便是尽量给别人提供方便,恰如其分地分享是有选择地分享,比如,你有一头牛,那你可以分给别人一条牛腿,可如果你只有一只蜗牛,那就算了。你和邻居、朋友分享一只鸡可以,但不能和强盗分享,这就叫恰如其分。

以退为进,以减为加

原文

作人无甚高远的事业,摆脱得俗情便入名流;
为学无甚增益的工夫,减除得物累便臻圣境。

译文

做人不一定要懂高深的大道理,拥有大事业,只要能摆脱世俗的利欲意念就是名流;取得高深学问没有特别的秘诀,只需排除外界干扰,清心寡欲,就能超凡入圣。

度阴山曰

我将其命名为"不加只减"思维:它是古人修身、心灵建设特别重要的一种思维,它主张的是以减为加:不需要加多少东西,只需要减掉一些东西就能达成效果。比如,你不需要扩大事业,只需要减掉利欲意念就是名流;再比如,你不需要增加各种修行的方法,只需要减掉欲望,就能超凡入圣。

加是进,减是退,进容易受阻碍,退则非常顺利。所以人要以退为进,以减为加,不必硬来,非要加,非要进,可能就会摔个大跟头。

品德不能当饭吃

原文

宠利毋居人前,德业毋落人后,受享毋逾分外,修持毋减分中。

译文

追名逐利不要抢在他人前面,进德修业不要落在他人后面,享受生活不要超过经济允许的范围,修养品德不要降低标准,因为这是你的分内事。

度阴山曰

品德能不能当饭吃?你有没有听过有人只靠品德就吃的脑满肠肥?似乎没有。那些被我们称为品德高尚的人,一定是先靠能力取得了一定的名利,品德建立在名利基础上才有意义。世界上最廉价的事物是一贫如洗的真心和一事无成的温柔,还有没有物质基础的品德。

与人为善的前提是对方是个善人

原文

处世让一步为高,退步即进步的张本;
待人宽一分是福,利人实利己的根基。

译文

为人处世知道谦让容忍是高明的,让一步就是日后进一步的前提;待人接物以宽厚态度为快乐,方便他人的同时也在方便自己。

度阴山曰

古人始终讲,退一步就会进一步,与人方便就会于己方便。在人际关系中倘若永远处于低姿态和先付出,我们就能收获对方的回报。但有个重要的前提,那就是你必须要相信人性是善的。

也就是说,当我付出时我必须相信对方是个善良的人,如此才能回报我。倘若你不相信人性是善的,你面前的人是个恶棍,那你的低姿态和先付出只能让对方觉得你愚蠢。所以,无论是退一步海阔天空,还是与人方便,都要记住大前提:对方一定要是个人,而不是不懂感恩的畜生。

任何人的成绩 90% 来源于外界

原文

盖世的功劳，当不得一个"矜"字；
弥天的罪过，当不得一个"悔"字。

译文

即使是盖世的丰功伟绩，也会被一个"矜"字毁灭；滔天的大罪，也抵挡不住懊悔之心。

度阴山曰

很少有人知道这个真相：任何人的功劳只有 10% 来源于自己的能力，其他 90% 都是通过运气和他人的帮助完成的。所以，当你为自己的功劳沾沾自喜，夸夸其谈时，你等于是夺取了他人和运气的功劳。虽然别人看不到，但天能看到，它会不露痕迹地让你吐出来，让你身败名裂。

佛家说一个人做错事后如果能放下屠刀就能立地成佛，这其实表达了对悔过的重视。人能悔过证明良知还在，良知在，就有希望找回人性中的善。"立地成佛"的人很少，这点似乎也说明了知错而改的难度相当大。

人都见不得别人好

原文

完名美节,不宜独任,分些与人,可以远害全身;辱行污名,不宜全推,引些归己,可以韬光养德。

译文

完美的名誉、节操,不能独自占有,必须分一些给他人,才不会引起别人的嫉恨而保全自身;耻辱的行为、名声,不可以完全推到他人身上,要自己承揽几分,才能掩藏自己的才能而提高品德修养。

度阴山曰

人都见不得别人好。所以,当你有名有利,过得特别好时,一定要出让些名利。另外就是帮助一些人,让他们也过得好,这叫为自己拉拢队友。

我将其命名为"人都见不得别人好"定律:当你有瑕疵时,千万别着急甩出去,因为这很可能是你得到大多数人欢迎的最本质原因。看《西游记》的次数多了,你会更喜欢猪八戒,因为这个人浑身是缺点,和大多数普通人产生了共鸣。

为何有小满,而没有大满

原文

事事要留个有余不尽的意思,便造物不能忌我,鬼神不能损我。若业必求满,功必求盈者,不生内变,必招外忧。

译文

做任何事都应留有余地,不要把事情做到绝处,如此即使是造物主都不会嫉妒我,神鬼也不会伤害我。如果一切事物都要求尽善尽美,一切功劳都希望到极致,即使不为此而发生内乱,也必然招致身外的嫉恨。

度阴山曰

二十四节气中有小寒,必有大寒,有小暑,必有大暑。但有小满,却没有大满。这正是中华传统文化的高明所在。古人最忌盈满,因为阴阳互转,阳尽阴生,阴终阳始。所以当不如意时,古人会鼓励自己,冬天来了,春天就不远了;当春风得意时,古人会提醒自己,居安思危啊。这是一个特别有意思的思想,身和心永远都在分离,该享福时心惊胆战,但该痛苦时却心怀希望。其实,所谓的盈满不是能量化的,你不知道什么时候要满了,什么时候要盈了,你只是凭心来感觉。问题恰好在这里,有人没有这个感觉的能力,所以"忌盈满"这句忠告就成了只有少数人才能听懂的天启。大多数人,都在不知疲倦地向盈满处奔驰,内外皆乱。

家家有本难念的经

原文

家庭有个真佛,日用有种真道,人能诚心和气、愉色婉言,使父母兄弟间形体两释,意气交流,胜于调息观心万倍矣。

译文

家中有个真正懂事的人,处世待人真诚和气,和颜悦色,使父母兄弟之间没有隔阂,亲情交流融洽,这可比调息观心有万倍的好处啊!

度阴山曰

中国社会始终是家本位的社会,家很重要,正因为重要,所以"家家有本难念的经"。每家的经之所以难念,是因为没有个会念经的佛。如果有这样一尊佛,那家就是天堂;如果没有,那家就是地狱。其实每家的经文都一样:真诚和气、和颜悦色、良知交换、上下有礼。

念经无非把这些经文运行起来罢了,如果这样,哪里还有难念的经?

良知有大小，劝人须谨慎

原文

攻人之恶毋太严，要思其堪受；
教人以善毋过高，当使其可从。

译文

责备他人过错时不可太严厉，要考虑对方能承受的限度；教导别人行善时，不可期望太高，要顾及对方的愿力和能力。

度阴山曰

记住一个人性定律：不考验别人的良知承受力。大多数人犯错后，良知会告诉他这是错的。如果你责备得太狠，那他的良知衍生出来的羞耻心就无法承受，可能会迫使他狗急跳墙。狗急跳墙的人都是没本事的人，越是没本事的人脾气越大。

教导别人行善同样如此。每个人的良知大小不同，你能行的善，他未必能做到，所以对别人的期望不要太高。对别人的期望不高，就是不要对别人的良知做最大化的检验。

倘若每个人都能让你称心如意，那这个世界上所有的人都能获得和你一样的成就了。

胜利的一方，一定是正义的

原文

粪虫至秽，变为蝉，而饮露于秋风；腐草无光，化为萤，而耀采于夏月。故知洁常自污出，明每从暗生也。

译文

粪中的蛆虫最污秽，可一旦蜕变为蝉，就能在秋风中吸饮清露；腐草黯淡无光，可一旦化出萤火虫，就能在夏夜闪光，与月色争辉。由此可知，高洁常常自污秽出，黑暗是光明之母。

度阴山曰

俗话说，英雄不问出处，只要你成功了，你曾经的一切污秽、暗淡无光都会成为你成功的注脚。

像刘邦、朱元璋这样的草莽英雄得了天下，他们的过往的粪便成为百姓们津津乐道的传奇，他们的挫折和不堪便成为欲成大事的忍辱负重。由此可见，艰难困苦是成功的必要条件。

做人，不要客气

原文

矜高倨傲，无非客气；降伏得客气下，而后正气伸；情欲意识，尽属妄心。消杀得妄心尽，而后真心现。

译文

傲慢无礼、目中无人，无非是由于一种不能认识自己的邪气占了上风；能消除这种邪气，至真至诚的浩然正气才会升起；人心中的七情六欲和各种念头，其实都由虚幻无常的妄心所致，只有消除这种妄心，真实不妄的心才会显现出来。

度阴山曰

消除邪气就能见正气，消除妄心就能见真心。邪气好比是客人，客人在主人家很拘束，难免就有矫饰，这就是不真诚，而主人恰好相反，对自己的家了如指掌，所以永远都从容而真诚。

所谓客气，是不属于我们的善的外来之气；所谓正气，就是我们与生俱来的良知之光。妄心和真心，大体如是。

中国思想史上讲气本体论的宗师级人物是北宋的张载。他认为宇宙一切即为气所生，阴气、阳气、和气，到处都是气。气是中国传统文化中的精髓之一，和西方的力形成对比。东方人说"胃气"，西方人说"胃动力"，东方人说"元气"，西方人说"精力"，其实说的都是一回事。

以终为始

原文

饱后思味,则浓淡之境都消;色后思淫,则男女之见尽绝。故人当以事后之悔悟,破临事之痴迷,则性定而动无不正。

译文

吃饱后回想食物美味,味道的浓淡就没有印象了;享受美色后回想色情,则男女之事会毫无意思。如果人能以事后的反应,去破解事前对那件事的痴迷,那么你的任何行为都能符合人性。

度阴山曰

人要学会"以终为始":以抵达终点的判断给还未开始的事以参考。我将其命名为"终始定律",它源于《大学》的"事有终始"。倘若我们能以事后的反应来提醒自己,这件事没有多大意思,那很多没有必要发生的事,我们就不会开始。

然而,我们经常遇到的现实却是,事前猪一样,事后诸葛亮。而且年轻人不经历那些事,无论你怎么劝阻,他都不会听。只有等他摔得鼻青脸肿后,才知道停手,可这时候事情已经发生了。所以说,这对大多数人而言,效果甚微。你所见到的大多数人,仍然是不见棺材不落泪的。

无论如何，心中都要有个天理在

原文

居轩冕之中，不可无山林的气味；
处林泉之下，须要怀廊庙的经纶。

译文

做官时，不可被功名利禄所迷惑，要有些居山林中的淡泊名利的心；隐居山林时，不要完全失掉世俗人情，心中还是要存些治理天下的志向。

度阴山曰

做官时要像居士一样淡泊名利，如此才能把官做好；隐居时也不可与世隔绝，如此才能做一个有情有味的居士。这论调恰好是古代知识分子的真实写照。范仲淹说，居庙堂之高则忧其民，处江湖之远则忧其君，正是此意。无论是做官要有淡泊名利的心，还是隐居要有心怀人类的情，都是教导我们心要正。无论怎样，心中都要有个天理在。淡泊名利、心怀天下就是天理。

无过，便是功

原文

处世不必邀功，无过便是功；
与人不要感德，无怨便是德。

译文

不必想方设法去强取功劳，没有过错就是功劳；救助他人不必希望对方感恩戴德，只要对方不怨恨自己就是恩德。

度阴山曰

人问智者："善是什么？"

智者回答："不作恶就是善。"

只要不作恶，就没有恶，也没有善。这是古人最推崇的至善境界：无善无恶。无过就是功，也是这个道理。建功有个主动的意思，没有过则是退守。原地不动，既不建功也没有过错，这就是大功。

救助他人不必希望对方感恩戴德，只要对方不讹诈自己就知足了。这需要多么高的境界和多么险恶的社会环境，才能有这样的格言！

工作不是福报，休闲才是

原文

忧勤是美德，太苦则无以适性怡情；
淡泊是高风，太枯则无以济人利物。

译文

尽力去做事本是一种很好的美德，但过于认真而心力交瘁，使精神得不到调剂就会丧失生活乐趣；把功名利禄看得淡泊本是一种高尚情操，但过分清心寡欲而冷漠，对社会也就不会有任何贡献。

度阴山曰

人类工作是迫不得已的，所以千万别听万恶的资本家忽悠你把工作当福报。工作是工作，生活是生活，快乐生活和休闲才是真正的福报。功名利禄是心外之物，可绝不能没有，所以过分的淡泊名利就是对自己和社会的不负责任的"躺平"，绝不值得称颂。

凡事皆有个度，不及和过了，好事也成坏事。

不忘初心，一帆风顺

原文

事穷势蹙之人，当原其初心；
功成行满之士，要观其末路。

译文

事业陷入困境的人，应该返回去检查下初心；事业成功的人，要观察其意志，看他是否能成功到底。

度阴山曰

"初心万能论"：当做事遇到困难时，必须回到你做这件事的初心。问自己以下问题：第一，初心有没有错？如果初心错了，那后面做的所有事情都是错的，干脆就别做；如果初心没错，那就说明你所做的事是正确的，既然是正确的事，就绝对不能放弃。第二，如果初心没错，遇到困难后没有动力坚持下去，那你就要问问自己，最开始做这件事时的激情（状态）哪里去了，把它找出来！

小聪明只能用来耍

原文

富贵家宜宽厚而反忌克,是富贵而贫贱,其行如何能享?聪明人宜敛藏而反炫耀,是聪明而愚懵,其病如何不败!

译文

富贵之家本应宽和仁厚,如果妒忌刻薄,那就是为富不仁,怎么能安享富贵?聪明的人本应收敛才华,如果炫耀张扬,那就是假聪明、真愚昧,这种毛病怎能让他成功?

度阴山曰

为富不仁未必会失去富贵,但假聪明肯定无法成功,假聪明的人并非没有聪明,而是喜欢耍小聪明。小聪明耍得过多,真聪明就渐渐减少,遇到一件事要求他耍真聪明时,他反而耍不出来了。

聪明其实只分两种,一种是耍,一种是用。"耍"的特点是,并不用聪明来解决问题,只是让别人赞他的聪明;"用"的特点是,解决问题。

课本上学不到的两条人生道理

原文

人情反覆，世路崎岖。行不去，须知退一步之法；行得去，务加让三分之功。

译文

人情冷暖变化多端，人生道路崎岖不平。当遇到死胡同时，必须明白退一步的方法；当顺风顺水时，一定要有把"好处让三分给他人"的胸襟。

度阴山曰

人生是一场修行，而修行的过程一定苦不堪言。若想在这场苦不堪言的修行中有一点儿甜头，那必须懂得人生的两个道理。第一，不要一条道走到黑，如果发现前方是死胡同，要及时掉头；第二，不怕道路难走，就怕道路太好走。中国人常讲物极必反，当人生一切顺利时，必须让出些利益来，保持半满状态，如此才能走得更远。

对事不对人

原文

待小人不难于严，而难于不恶；
待君子不难于恭，而难于有礼。

译文

对待品德不好的小人，态度严厉并不困难，难的是在内心深处不憎恨他们；对待品德高尚的君子，做到尊敬并不困难，难的是能否对他们真正彬彬有礼。

度阴山曰

有一言可以终身行乎？回答：对事不对人。

我们犯的人生错误中总有一条：喜欢给人贴标签，却不针对事。一旦你给他人贴上善恶标签，那它就控制了你。你想到被贴上恶标签的人，就会怒发冲冠；一想到那个被你贴上善标签的人，就会牵肠挂肚、魂不守舍。这种方式不对。

比如夫妻之间吵架。吵架是夫妻二人针对某件事的斗争，而不是夫妻之间的斗争。前者是针对事，后者则是针对人。针对事，就能床头吵架床尾和；针对人，可能就会一哭二闹三上吊。

我们对权威不要溜须拍马，而要有礼有节，既尊敬他，又在态度上有个度。有些人对权威过于崇拜，有些人又瞧不起权威，这都不对。

最难骗的人，是纯朴的人

原文

宁守浑噩而黜聪明，留些正气还天地；
宁谢纷华而甘淡泊，遗个清名在乾坤。

译文

宁可保持纯朴天真而抛弃机诈，保留一些刚正之气在天地；宁可抛弃世俗的富贵而甘于淡泊，给天地留下点纯洁清白。

度阴山曰

刚正之气是一种具备高度智慧的气，这种气有另外一个名字叫纯朴天真。纯朴天真的人，不容易受骗。因为他对自己的现状很满意，不需要再进一步索取，所以他不会轻易去"吃钓饵"。纯朴天真的人遇到他人伪装成善良的样子，也会受骗，可他们不会放在心上。这就叫天真纯朴。

心平气和能搞定一切

原文

降魔者先降其心,心伏则群魔退听;
驭横者先驭其气,气平则外横不侵。

译文

要搞定外在的邪魔必先搞定内心的邪魔,内心的邪魔老实了,外在的恶行才不会出现;控制杂乱的事情发生先控制浮躁之气,心平气和,则外来的纷杂事物就不能侵扰内心。

度阴山曰

这是典型的"二贼论"。每个人心中都有个贼,是为家贼。若要搞定心外的邪魔,必须先搞定心内的邪魔。因为所有心外的邪魔都是你心内那个邪魔的分身。王阳明说,破心外的贼容易,破心内的贼难。因为你不忍打死心内的贼,正如你不想放弃"躺平"的生活,不想拒绝享受人生而承担责任。

一切你所遇到的麻烦事,都是从你心中生出来的。如果只针对心外的麻烦事,来一个解决一个,那你会疲于奔命,永远解决不完。相反,你只需要在心中把邪魔的真身灭掉,就一了百了。

我们心中最大的邪魔就是浮躁之魔,对付它的办法只有一个:尽力让自己心平气和。如果说浮躁之魔是孙悟空,那心平气和就是唐僧的紧箍咒,念起来,魔就会被打败。

交友如改命

原文

养弟子如养闺女，最要严出入，谨交游。若一接近匪人，是清净田中下一不净的种子，便终身难植嘉苗矣。

译文

教养徒弟如教养未出闺阁的女儿，最重要的是严格控制他的人际关系，告诉他要谨慎交友。倘若不小心接近了品行不端之人，就如同干净的田野中播下一粒不干净的种子，终生都无法长出好禾苗了。

度阴山曰

每个人能活到看到这本伟大著作的时候，都是险象环生。尤其是青少年时代，一旦交友不慎，你可能就走不到今天了。人在幼年、少年时期，分辨力还不成熟，处于"不识好歹"的阶段。除了原生家庭的影响之外，就是学校和朋友了。而原生家庭和学校的影响又远不及朋友的影响，所以千万要注意孩子的朋友都是些什么人，他们会影响你孩子的命运。

人生有两条路：上坡路与下坡路

原文

欲路上事，毋乐其便而姑为染指，一染指便深入万仞；
理路上事，毋惮其难而稍为退步，一退步便远隔千山。

译文

欲望方面的事，不要贪图便利而沾染，因为稍有沾染，便会坠入万丈深渊；道义方面的事，不要恐惧困难而有所退步，因为退上一步，就与真理隔了千山万水。

度阴山曰

道义和欲望、天理和人欲如同一条路的上下坡：欲望、人欲是下坡，天理和道义则是上坡。走下坡路，稍一进步就会加快速度滑落；走上坡路，稍一退步就会叽里咕噜滚下来。

小人总想走下坡路，因为容易走，酒色财气这些物欲太吸引人；君子总想走上坡路，因为虽然难走，却离真理和人生的真谛越来越近。

只有圣人才既走上坡路又走下坡路，走上坡路是为追求道义，走下坡路是为体验美好人生。圣人会两条路换着走，今天走上坡路，明天走下坡路。这就是中庸，这就是圣人。

修行不是苦行，也不是酷刑

原文

念头浓者自待厚，待人亦厚，处处皆厚；念头淡者自待薄，待人亦薄，事事皆薄。故君子居常嗜好，不可太浓艳，亦不宜太枯寂。

译文

注重生活质量的人，自己的生活优厚，对别人也能优厚，生活中处处讲究享受；对生活质量淡漠的人，自己的生活比较简单，对别人也很节俭，事事都俭朴。所以，君子的生活不可以太奢侈，但也不能过于俭朴艰苦。

度阴山曰

这段话在中国传统修身思想中绝对是晴天霹雳：它居然让人不可过于俭朴，甚至奢侈本身也不是一文不值。其实真正的修身养性，绝不是身体上的苦行和心灵上的酷刑，它应该是张弛有度的，正如一条路的上下坡，如果上坡是存天理，那下坡就是现人欲。

上坡下坡都是路，都要走。只不过上坡时要顽强、坚定不移，下坡时要克制，尽量想着还有上坡路。如此，既释放了人欲，又存了天理。这才是真修行，也是修行让人着迷的地方。

人定胜天靠的是意志力

> [原文]
>
> 彼富我仁,彼爵我义,君子故不为君相所牢笼;
> 人定胜天,志壹动气,君子亦不受造化之陶铸。

> [译文]
>
> 别人有财富我则有仁德,别人有爵禄我则有正义,所以君子绝不会被君主的高官厚禄所收买;人能通过自身的力量去克服改变大自然,顽强的意志力可以转变自己的感情气质,所以君子绝不会受命运的摆弄。

> [度阴山曰]
>
> 上面一段话是典型的"瘦驴拉硬屎":我比不过你,但我也要和你对着干到底,所以你有财富我有仁德,你有爵禄我有正义。总之,就是死都不服。问题是,空有仁德、正义,连一点儿能力都没有,你空谈的仁德和正义不就是瘦驴拉出来的硬屎吗?
>
> 人定胜天,凭的不是志向,也不是智慧,而是顽强的意志力。意志力可以让"我想要……"升级成"我必须要……"。它是宇宙中最伟大的力量,谁拥有它,谁就是命运之神,操控自己的一切。

人别立小志，而要立大志

> 原 文

　　立身不高一步立，如尘里振衣、泥中濯足，如何超达？处世不退一步处，如飞蛾投烛、羝羊触藩，如何安乐？

> 译 文

　　立志若不能站得高、看得远，如同在尘土中打扫衣服，在泥水中洗脚，怎么能出人头地呢？处世如果不退一步，只是一往无前，如同飞蛾扑火、公羊被篱笆卡住角，怎么能够心安呢？

> 度阴山曰

　　人立志，不要立小志，因为小志很容易实现，一旦实现，人就会空虚。人要立大志，立下大志后朝着志向奔跑，就不会被身边的琐事所困扰，你的人生就能充实和幸福。如果志向过大，实现不了怎么办？立志就像跑马拉松，只管一门心思往前跑，有人跑得快，有人跑得慢，但只要知道自己的方向正确，还在前进，就终有一天能到达终点。

专一，就是一根筋

原文

学者要收拾精神并归一处。如修德而留意于事功名誉，必无实诣；读书而寄兴于吟咏风雅，定不深心。

译文

学者在学问上要集中精神，专心一致。如果在提升道德时仍去思念事功名誉，那注定得不到真实的造诣；读书时不在义理上下功夫，而偏好吟咏诗文，则必无法获取深刻思想。

度阴山曰

世界上所有的成功都用"专一"取得，所有的人也都可以用"专一"来感化。人最怕一心二用，甚至一心三用。一心二用、三用之所以不能让人成功，是因为你把心分成了两份或三份：一份在得失上，一份在事情上；或者一份在得上，一份在失上，一份在事情上。如此行事，怎么可能成功呢？

专一是心中只有一，好像一根筋，一即道，二则伪，懂得此理，就懂得成功之道了。

人皆有佛性,但未必人人成佛

原文

人人有个大慈悲,维摩屠刽无二心也;处处有种真趣味,金屋茅檐非两地也。只是欲闭情封,当面错过,便咫尺千里矣。

译文

人人心中都有个大慈大悲的菩萨,维摩诘和屠夫、刽子手并没有不同的心性;人间处处都有真正的情趣意味,高楼大厦和茅檐草舍并非截然不同的境地。只是人心被欲念和私情封闭,错过了大慈悲、真情趣,所以近在咫尺,却远隔千里。

度阴山曰

人皆有佛性,所以维摩诘和屠夫本是一路人。之所以没有成为一路人,全因为屠夫的心被欲念和私情封闭了,最后才走上了另一条道路。人皆有获取情趣的能力,高楼大厦有情趣,茅草屋也有情趣。之所以有人只喜欢高楼大厦而不喜茅草屋,是因为心被欲念和私情封闭了。所谓欲念,是这山望着那山高,所以私情,是眼高手低。

把建功立业当成打扫自己的房间

原文

进德修行,要个木石的念头,若一有欣羡便趋欲境;济世经邦,要段云水的趣味,若一有贪著便堕危机。

译文

若要提高道德水准,必须有如木头和石头般心定、耐得住寂寞的精神,如果有一丝羡慕之情,就会滑向欲望丛生的深渊;治国平天下,要有一段云水飘逸的趣味,倘若有一点儿贪恋之意,就会堕入险象环生的机关。

度阴山曰

当你把家收拾得干净整洁时,是否想得到别人的夸奖?一般不会有这个念头,因为收拾你自己的家本就是你分内之事,做分内之事还想得到别人夸赞,则是里外不分。同样,提高道德水准坐冷板凳,是否想得到别人的夸赞?似乎也不需要,因为提高道德是你自己的事,如果你想因此获取别人的夸奖,那提高道德水准的念头就非常不纯,你离人生深渊就近在咫尺了。

成就功业也是如此,不要贪恋,不要执着。成就功业就如同自己家的事一样,给自己家做点事还总念念不忘,这不仅愚蠢,而且非常危险。

你唯一能控制的只有自己的内因

原文

肝受病则目不能视，肾受病则耳不能听。病受于人所不见，必发于人所共见。故君子欲无得罪于昭昭，先无得罪于冥冥。

译文

肝脏得病，眼睛就看不见；肾脏得病，耳朵就会听不见。病虽生在看不见的内脏，但症状却发作于大家都能见到的地方。所以君子若想在光天化日下无罪，必先在念头中无罪。

度阴山曰

内因是绝对的主因，外因只是内因的衍生品。所以若想外因不出现，那就管好你的内因。我们每个人的内因都是相同的，它就是念头、潜意识、不经意中的想法。你唯一能控制的就是内因，在可以控制的方面着手、用功，则事半功倍。

尽量保持念头的纯净，光天化日下才不会成为过街老鼠人人喊打。当然，这点很难做到。但正因为难，所以我们一旦做到，就会超凡脱俗。成本核算之下，这是个一本万利的买卖。

心累是最残酷的累

> [原文]

福莫福于少事，祸莫祸于多心。惟苦事者方知少事之为福；惟平心者始知多心之为祸。

> [译文]

人最大的幸福莫过于无事，最大的灾祸则是产生许多不必要的念头、猜忌、抱怨。只有每天辛苦的人，才知道无事清闲的幸福；也只有心平气和的人，才知道心不平气不和的危害。

> [度阴山曰]

无事不是没有事，而是不生事。生事也并非要把事变成客观现实，如果有不必要的念头频出，那就是在生事。那些每天辛苦奔忙的人，念头十万八千个，个个让你要死要活。每天心平气和的人，就是那些念头极少、只在必须做的事上投注念头，平时保持事不关己高高挂起心态的人。

心累是最残酷的累。念头扯旗造反，如果不镇压，你的心恐怕就不属于你了。

人应该和孙悟空一样变化无常

原文

处治世宜方，处乱世当圆，处叔季之世当方圆并用。待善人宜宽，待恶人当严，待庸众之人宜宽严互存。

译文

天下太平时，待人接物应严正刚直、爱憎分明，天下大乱时，待人接物应圆滑老练、随机应变，天下半乱不乱之时，待人接物就要刚直与圆滑并行。对待善人应该宽厚，对待小人应该严厉，对待不好不坏的大多数人应该宽严并用。

度阴山曰

如何在人类社会中更好地生存？只要记住两句话即可。第一句：适者生存。第二句：遇人说人话，遇鬼说鬼话。人不应该单纯地是只猛虎，也不应该单纯地是只老鼠，而应该像孙悟空一样掌握七十二变。人应该随环境和交流物的变化而变化，这就叫让自己和环境合二为一。

不过，孙悟空无论怎么变，都知道自己是谁，人也应该和孙悟空一样！

别记仇，赶紧报仇

原文

我有功于人不可念，而过则不可不念；
人有恩于我不可忘，而怨则不可不忘。

译文

自己对他人的恩惠不要记在心上，但对不起别人的地方一定经常反省；别人对我们的恩惠千万要记在心上，但别人对不起我们的事必须要忘掉。

度阴山曰

对他人的恩惠要忘掉，因为他人不会如你一样看重你对他的恩惠。倘若你强行要他偿还你的恩情，那就会发生矛盾，这样再大的恩情也会转化成仇怨。做了对不起别人的事一定要反省，反省的目的不是纠缠在事中，而是让自己以后不要犯同样的错误。

他人对我们的恩情要记住，既要记住恩情，也要记住这个人，因为当你再遇到困难时，能帮你的人一定是曾经帮助过你的人。别人做了对不起我们的事，不能记仇，因为仇恨会折磨你的心，让你无法安心。若是放不下仇恨怎么办？那就赶紧报仇，早报早了。仇报了，念头就通达了。当然了，这里的"报仇"不能触犯法律，也不能违背公序良俗。

我注《六经》还是《六经》注我

原文

心地干净，方可读书学古。不然，见一善行，窃以济私；闻一善言，假以覆短。是又藉寇兵而赍盗粮矣。

译文

心中无私，干干净净，才可以研读、学习经典。否则，见到古人一种美好品行，就窃取过来给自己贴金；听到古人一句美善言辞，就夺过来掩饰自己的过失。这就是"给敌人供应兵器、给强盗运送粮食"了。

度阴山曰

古人读书，有两种思路。一是我注《六经》，这种方式是把经典当成知识宝库，对经典下大力气研究，类似于某方面的专家；二是《六经》注我，这种方式在解读经典时夹带私货，看似在研究经典，其实是借经典抒发自己心声。这第二种读书方式才可修身养性，能修生养性的前提是，心中无私，干干净净。只有心中无私，才会在阅读经典时身体力行，而不是把经典给自己贴金，更不是扭曲经典，来为自己私欲大开方便之门。

做知足的富人,别做不知足的穷人

原文

奢者富而不足,何如俭者贫而有余。
能者劳而致怨,何如拙者逸而全真。

译文

奢侈的人财富再多也觉得很少,还不如贫穷节俭却感到富裕的人。能力强的人由于心力交瘁却没有得到回报而积聚了怨恨,还不如愚笨的人保全纯真本性。

度阴山曰

贪婪的人是贫穷的,因为心穷;能力强的人是苦命的,因为事做得越多,错犯得越多。如果这是现实,那我们会羡慕那些贫穷却感到富裕的人、愚笨而能保全纯真本性的人。问题是,如果一个富人知足,一个能人受人喜欢,那我们还做穷人和笨蛋吗?

肯定不会,所以我们不要做知足的穷人和笨蛋,要做一个知足的富人和受人喜欢的能人。

不撒谎,就是知行合一

原文

读书不见圣贤,如铅椠佣。居官不爱子民,如衣冠盗。讲学不尚躬行,如口头禅。立业不思种德,如眼前花。

译文

读书不去琢磨古圣先贤留下的精义,充其量是个写字匠;做官不爱护人民,只知领取国家的丰厚俸禄,只不过是个强盗;为人师表的人只知研究学问而不注重行动,就如同只会念经的和尚;事业成功后却不想为后人积些阴德,如同一朵鲜艳却很快凋谢的昙花。

度阴山曰

四句话讲的是一个问题:知行合一与否的问题。读书如果只是识字,那就是有识无智;做官不爱人民,是有位无德;学者只钻研书本而不身体力行,就是知行不一;成功后不积阴德,就是有始无终。

古人最重视的就是合一的问题,天人合一、知行合一,最重要的是心理合一:所行所说,不要分离。说到做到,最低层面,人不要撒谎。

和物欲过不去的，大都是伪君子

原文

人心有部真文章，都被残编断简封固了；有部真鼓吹，都被妖歌艳舞湮没了。学者须扫除外物直觅本来，才有个真受用。

译文

每个人的内心都有一部真正的美文，却被内容残缺不全的平庸之作封闭了；每个人的内心都有一首壮丽的歌舞，却被妖邪的歌声和艳丽的舞蹈迷惑了。一个真正的读书人，必须祛除物欲，直到本性，如此，才能求得一生受用不尽的真学问。

度阴山曰

所谓美文和壮丽的歌舞，就是我们与生俱来的善，这是我们的本性。当然，这种定论必须要建立在孔孟主张的"人性本善"的理论上。倘若是"人性本恶"的理论，那就不存在美文和壮丽歌舞。

美文和壮丽歌舞之所以不呈现，是因为被平庸之作和妖邪的歌舞阻挡了。这平庸之作和妖邪的歌舞就是物欲。而大多数人偏偏只喜欢平庸之作和妖邪歌舞。于是，物欲横流之下，本性不在，本真被淹没，要么成为行尸走肉，要么就活成了别人，白活一回。几千年来，古人都在和物质欲望殊死搏斗。遗憾的是，有人只是说说，或者是希望别人放弃物质欲望。总是和物质欲望过不去，会形成两种人格，一是不食人间烟火的神人，二是内外不一的伪君子，而以后者居多。

光明总会到来

原文

苦心中常得悦心之趣,得意时便生失意之悲。

译文

费劲心力去完成工作时,往往会心情愉悦;顺风顺水时,往往会生出失意悲凉之情。

度阴山曰

任何人不可能永远倒霉,总有时来运转之日;任何人也不可能永远顺利,月还有阴晴圆缺呢!能在倒霉时心中有光芒,而不死气沉沉,黑暗中也能得到快乐。能在顺利时思索水满则溢的道理,就能谦虚谨慎,为顺利保驾护航。

富贵就是富贵,和取得方式无关

原文

富贵名誉自道德来者,如山林中花,自是舒徐繁衍。自功业来者,如盆槛中花,便有迁徙废兴。若以权力得者,其根不植,其萎可立而待矣。

译文

如果财富地位和名声是通过品行和修养得来的,那就像野花野草,自然繁荣而绵延不断。如果财富地位和名声是通过功业换来的,那就像盆中的花草,平时很茂盛,可能会因为迁移而枯萎。如果财富地位和名声是通过诡诈或暴力得来的,那就像花瓶中的花草,因为没有根基很快就会枯萎。

度阴山曰

我们应该反问:人类历史上有几人是靠品德而取得财富地位的?有什么证据证明,靠功业得来的财富地位就一定是盆中花,而不是山上花?又有什么确凿证据证明,靠诡诈和暴力得来的富贵名声就一定是瓶中花?看看刘邦、刘秀、朱元璋所得到的天下,难道不是靠诡诈和暴力得来的?他们建立的基业绵延几百年,这如何是稍纵即逝的瓶中花?

劝人向善,培养道德,无可厚非,但不能因为此心迫切,就无所不用其极。

坚守道德底线，然后努力赚钱

原文

栖守道德者，寂寞一时；依阿权势者，凄凉万古。达人观物外之物，思身后之身，宁受一时之寂寞，毋取万古之凄凉。

译文

坚守道德底线的人，或许会遭受短暂的冷落；但依附权势的人，却会遭受永恒的凄凉。明事理的人，能重视物质之外的精神价值，并能顾及死后的名誉问题。所以他们宁愿承受一时的冷落，也不愿遭受一世的凄凉。

度阴山曰

人除了需要物质基础之外还需要精神食粮，物质基础让我们身安，而精神食粮让我们心安。但对于大多数人而言，心安的前提必须是身安。一个居无定所、月薪不多的人，很难从精神层面得到满足。我们固然要重视精神价值，但在此之前你要先让自己生存下来。

你可以坚守道德底线，但绝不要和富贵一刀两断，因为富贵无善恶，只取决于使用它的人。所以别排斥一切外物，外物无善恶，你的心才是它们善恶的源泉。

努力赚钱，把钱花到正确的地方，这才是合格的"达人"。

有些人死了却还活着

原文

春至时和,花尚铺一段好色,鸟且转几句好音。士君子幸列头角,复遇温饱,不思立好言、行好事,虽是在世百年,恰似未生一日。

译文

春天来时天气和煦,花草树木生机盎然,为大地穿上美丽的衣裳,连鸟儿也发出婉转的鸣叫。一个读书人如果能侥幸出人头地,又能丰衣足食,却不想启蒙他人,为国家建立功勋,即使活到一百岁,也好像没有存在过这个世界似的。

度阴山曰

有些人在世上只是活着,而没有生活;有些人虽然离世,却永远活在世界上。造成如此大的反差的原因无非是有人为人类留下了精神财富,而有人则什么都没留下。

一本正经,不是修行

原文

学者有段兢业的心思,又要有段潇洒的趣味。若一味敛束清苦,是有秋杀无春生,何以发育万物?

译文

修行的人固然要有谨慎戒惧的念头,更要有自然大方的趣味。如果只是一味地收敛,思想上极为清苦,那就是只有秋天没有春天,怎么能生长万物?

度阴山曰

人过于刻苦修行,把自己搞得一本正经、正襟危坐,其实根本不利于修行。修行不仅是修浩然正气,还要修真情实感。真情实感是自然流露、温和而大方的。一个人如果苦修、清修,就好像是一年中只有肃杀的秋天而没有生机的春天,万物不能生长,阴阳不能协调,就会修成枯木死灰。

越缺什么,就越卖弄什么

原文

真廉无廉名,立名者正所以为贪;
大巧无巧术,用术者乃所以为拙。

译文

真正廉洁的人不会在乎外界是否有廉洁的名声,到处树立清廉名誉的人绝对是贪婪之人;真心怀巧智的人不会轻易表现,卖弄智巧的人正显示他的愚蠢、笨拙。

度阴山曰

那些在台上唾沫横飞、大谈特谈廉洁的人,在台下可能是贪赃枉法之人;真正廉洁的人,根本不会贪,所以就不会在乎有没有廉洁之名。卖弄智巧的人也是这样,因为担心别人发现他的蠢,所以千方百计地显示他的智巧,结果往往是弄巧成拙、欲盖弥彰。

俗话说,越是没有什么就越谈什么,越重视什么。记住这句话,就能识破很多人。

什么样的心，生什么样的境

原文

心体光明，暗室中有青天；
念头暗昧，白日下有厉鬼。

译文

人如果心地光明磊落，哪怕是处在漆黑的房间中，也如同站在万里晴空之下；如果有邪恶之念，即使在光天化日之下，也如在黑夜撞到鬼。

度阴山曰

漆黑房间和光天化日都是客观存在的。但因为我们的心地不同，漆黑房间会成为万里晴空，而光天化日也会成为撞到鬼的黑夜。佛说境由心生。其实说的就是，什么样的心生什么样的境。有人视暗夜如天堂，有人视青天如地狱，一切都取决于你的心。

没有方向的人生最恐怖

原文

人知名位为乐,不知无名无位之乐为最真;
人知饥寒为忧,不知不饥不寒之忧为更甚。

译文

人只知名利、地位带给人快乐,从不知无名利、无地位最快乐;人只知道饥寒交迫让人忧虑,却不知衣食无忧才更应有忧虑。

度阴山曰

名利、地位确实会带给人快乐,可一旦失去,人的痛苦就如排山倒海般袭来。至于无名利、无地位的人,既没有拥有名利、地位时的快乐,也没有失去名利、地位时的痛苦。不曾拥有,便谈不上失去,平平淡淡才是真。

饥寒交迫当然让人焦虑,可只要心中存着寻找食物和安居之所的念头,就知道该往何处努力。倘若一个人衣食无忧,又没有动力,混吃等死,这才是最值得焦虑的事。因为没有方向的人生,最恐怖。

精致的利己主义者比恶鬼可怕

原文

为恶而畏人知,恶中犹有善路;
为善而急人知,善处即是恶根。

译文

做了坏事而怕别人知道的人,还保留了一些羞耻心,说明在恶性之中仍存留着一点儿向善的良知;做点儿好事就着急让人知道的人,说明他行善只是为了贪图虚名,这种有条件才做善事的人,在他做善事时就已种下了恶根。

度阴山曰

恶人固然可怕,但绝没有精致的利己主义者可怕。绝大多数恶人为恶时恐惧他人知道,这就是良知;但精致的利己主义者有条件为善时,却始终都在为私欲精打细算,内心良知全无。一定要远离你身边的伪君子。

天道变态论

原文

天之机缄不测，抑而伸、伸而抑，皆是播弄英雄、颠倒豪杰处。君子只是逆来顺受、居安思危，天亦无所用其伎俩矣。

译文

天道的运行神鬼难测，有时让你陷入困境再让你春风得意，有时又让你先春风得意再遭受挫折，天道就是这样制约、捉弄英雄人物，让无数豪杰仰天长叹。君子应付天命只须顺从和忍受，同时在安逸时谨防可能发生的危险，如此，上天也就对你没有办法了。

度阴山曰

原来天道如此"变态"。

我将其命名为"天道变态论"，它主要有两点：第一点是天道很变态，把你当成掌中玩物，让你在希望和绝望之间痛苦不已；第二点则是，只有当你被天道选中成为骄子时，才会被天道玩弄。也就是说，你前几辈子要踩无数次狗屎运，这辈子才有资格被"变态"的天道玩弄。

记住这一点，可能你遭遇挫折时心情就不会那么差了。对付天道的方法有两个：一个是逆来顺受，一个是居安思危。

之所以逆来顺受，是因为我们没有任何力量反抗天道的折腾，自然不能逆受，只能顺受。在这个过程中，我们要磨炼自己的意志，使自己偷偷摸摸地强大。

而居安思危则是对天道反复无常的精心准备。当身处逆境中，一定要清醒地意识到，自己正在老天设计的一个游戏中，它随时会翻转。能有这种意识，就不会在困难来临时，心慌意乱。

对付玩弄你的天道，无非把高姿态潜伏在低姿态下，不动声色地等着天道的反转。

幸福和灾祸都在心上

原文

福不可徼,养喜神以为招福之本;
祸不可避,去杀机以为远祸之方。

译文

幸福不可强求,能常常保持心情愉快就是人生幸福的基石了;灾祸是难以避免的,消除怨恨他人的念头,就是最大限度地远离灾祸的良策。

度阴山曰

有人以为有房有车有美女就能幸福,所以拼命追求这些声色货利,这是典型的身在福中不知福。真正的幸福不在外,而在我们心上。只要能保持心情愉快,幸福就与你白首不分离。人之灾祸和幸福一样,并非外来,吸引灾祸的是我们心中的怨恨。老道士们都说,怨恨如恶鬼,吸引万灾来。消除怨恨,等于注射了灾害疫苗,防护能力可以达到 99.999%。

小事糊涂,大事不糊涂

原文

十语九中未必称奇,一语不中则愆尤骈集;十谋九成未必归功,一谋不成则訾议丛兴。君子所以宁默毋躁、宁拙毋巧。

译文

说十句话九句都对,也未必有人称赞你,但如果你说错了一句,则会接连受人指责;即使十次谋略有九次成功也未必归功于你,可只要失败一次,埋怨和责难就会纷纷而来。君子宁肯保持沉默寡言,也绝不冲动急躁;做事宁可显得笨拙,也绝对不能自作聪明,显得高人一等。

度阴山曰

有人觉得这段话是告诫大家少说话少做事,其实不对。它真正的含义应该是,能在社会上混得开的人,很多人都是功过参半。你说十句话有九句都对,一句是错,这就是功多过少,大家只盯着你的过,谋略也如此。所以要把自己活成"小事糊涂,大事不糊涂"的功过参半的人,才能避免他人的指责和埋怨。

性情要如天地轮转

原文

天地之气，暖则生，寒则杀。故性气清冷者，受享亦凉薄。惟气和暖心之人，其福亦厚，其泽亦长。

译文

大自然四季运转，春夏和暖则万物生长，秋冬寒冷则万物凋零。做人的道理也如此，性情高傲冷漠的人，其所能得到的福分自然淡薄；只有那些个性温和而又热情的人，其福分才能丰富而长久。

度阴山曰

性情温和而热情的人，福分丰富而长久，性情高冷的人则福分浅，这听上去很正确。然而，天地并非永远都性情温和而热情，也不是永远都高冷，天地是轮番来的，所以才有春夏秋冬。我们如果要天人合一，就应该效仿天地：该高冷时高冷，该温和时温和，如此才能让福分更长久。

天理、人欲本是一条路

原文

天理路上甚宽,稍游心胸中,便觉广大宏朗;
人欲路上甚窄,才寄迹眼前,俱是荆棘泥涂。

译文

符合天理的道路极为宽广,稍稍用心走一点儿,胸中就觉无限光明,开阔坦荡;追求物质欲望的路十分狭窄,才一踏上,眼前已荆棘丛生,泥泞遍地。

度阴山曰

何谓天理?去得人欲,即见天理。何谓人欲?天理的过或者不及就是人欲。譬如,饿了吃饭就是天理,非要撑个半死或是吃超出自己经济所能承受的食物就是人欲。

你以为天理和人欲是两条水火不容的道路?其实是一条路,只不过有人心中全是天理,所以走在通天大道上,而有人心中全是人欲,所以走在泥泞小道上。

世上本没有天理、人欲之路,想得少或者想得多了,走得正或者走得偏了,也就有了这条天理、人欲之路。

苦乐是一对双胞胎

原文

一苦一乐相磨练，练极而成福者，其福始久；
一疑一信相参勘，勘极而成知者，其知始真。

译文

只有痛苦和快乐交织的双重磨炼后得来的福德，才会长久；只有坚信和存疑相互检验核对后得来的智慧，才是真正的智慧。

度阴山曰

上苍给人制定了"痛苦快乐买一送一"的规则，有快乐必有痛苦。你以为买的是幸福，送的是痛苦？恰好相反，你买的其实是痛苦，送的才是幸福。有时候上苍忘了送，所以你一生就只有痛苦，没有幸福。倘若真遇到这种事情，请不要悲伤，因为悲伤也没用。倒不如拿出鸡蛋中挑骨头的精神，苦中也能找到乐。

坚信和存疑同时出手，才能获取真知。这个世界上不存在绝对的真理。如果你相信一件事是真理，那你要做的不是马上相信它，而是带着怀疑精神去实践中检验它。经过验证后，你的怀疑打消了，真理才能成为真理。这样做，你的智慧就会与日俱增。

什么是真清高

原文

地之秽者多生物，水之清者常无鱼，故君子当存含垢纳污之量，不可持好洁独行之操。

译文

地上如果有腐草和粪便，才能长出更多地植物，水太清澈就不会有鱼，所以君子应该有容忍庸俗的气度和宽恕他人的心量，绝不可因自命清高、不和任何人往来而陷入孤立。

度阴山曰

其实清高是一种魅力，但要注意以下三点。第一，你要有清高的资本，即压倒大多数人的才华，或者有超级厉害的一技之长；第二，别到处宣扬自己的清高，无论是语言上的还是行为上的；第三，真正的清高能容纳他人的庸俗，而不是和他人格格不入。

地能生万物，因为有粪便；水中有鱼，因为水不清澈。懂得这个道理，才能知道真清高是什么，假清高又是多么无知。

不断犯错是成为圣人的第一步

原文

泛驾之马可就驰驱,跃冶之金终归型范。只一优游不振,便终身无个进步。白沙云:"为人多病未足羞,一生无病是吾忧。"真确实之论也。

译文

只要驾驭得法,纵然是性情凶悍不易控御的马,也可以骑上它飞奔;爆出熔炉的金属,仍能被人注入模型变成器具。人如果只贪图吃喝玩乐,游手好闲,那就注定一事无成。所以明朝学者陈献章说:"做人有过失并不可耻,一生毫无过错才最值得忧心。"这真是一句至理名言。

度阴山曰

我将其命名为"圣人改过论":圣人不是不犯错,相反,由于圣人总是不停地做事、行动,所以错误非常多,但他一意识到错误就立刻改正,这样改着改着,错误越来越少,就成了圣人。而庸人也并非总是犯错,恰好相反,庸人为了不犯错而拒绝做事,所以没有多少错,或者说错误不暴露出来,自然也就一事无成。

人必须要理解"试错机制":所有的成功都建立在多次失败的基础上,多次失败的重点在于你要有试错的勇气和改错的勇气。游手好闲,贪图安逸,最终将承受你无法承受的人生后果。

如何压制贪念

原文

人只一念贪私,便销刚为柔,塞智为昏,变恩为惨,染洁为污,坏了一生人品。故古人以不贪为宝,所以度越一世。

译文

人只要心中出现一点儿贪婪、自私的念头,那他本来刚强的性格就会变得懦弱,智慧会变成昏聩,原本的慈悲会变成残忍,纯洁的心灵会变得污垢,一生的品行就此毁灭。所以古人把不贪婪作为人生第一戒,凭此一戒就可以超越世上所有人。

度阴山曰

如果非要给人生制定戒律,不贪绝对是第一戒。

贪婪与生俱来,它是人类在物欲上的完美主义和激进主义。所谓完美主义,就是永远能从所拥有的事物上挑出刺来,始终觉得有瑕疵;所谓激进主义,就是疯狂地追求完美,想要更好的。

人一旦被贪婪所迷惑,那上天赋予我们的所有美好品质顷刻间就会化为乌有。比如,担心贪来的东西会失去,刚强的性格就会变得懦弱;比如,眼中只有物欲,没有道义,就会让老天给我们的智慧荡然无存,变得残忍。

如何祛除贪婪呢?

第一,正视它的存在。贪婪之心是我们与生俱来的,所以不可能完全祛除,只能最大限度地压制它,与贪婪共存,时刻敲打它,让它不要有任何非分之想。

第二,认识到我们人的后天不足。宋人姜特立有首诗叫《不贪》:"人间五福少,世事罕兼全。将此不贪宝,延予有限年。"我们常常挂在嘴边的"五福临门"的五福原出自《书经·洪范》,分别是长寿、富贵、康宁、好德、善终。姜特立的意思是,不要贪得五福,这是不可能的,能有一福就不错了,这就是人生。

第三,降低你在物欲上的完美主义的标准。物欲本没有错,抬高它,使心里很焦虑,就是你的错了。所以要降低你对完美的追求,这样才能更快乐。

第四,人活着靠物质,也要靠精神。物质是贪念的温床,精神则是贪念的看守。常读书、多读书,是压制贪念很有效的方法。

第五,不贪是让你超越大多数人的捷径。那些贪念缠身的人,整日陷在焦虑和慌张中,肯定活不过没有贪心的你。活得久,你就赢了。

破山中贼易，破心中贼难

原文

耳目见闻为外贼，情欲意识为内贼，只是主人公惺惺不昧，独坐中堂，贼便化为家人矣。

译文

耳听的和眼见的都是外来的贼，心中关于情感欲望的念头是人内心潜藏的贼。只有我们的良知保持清醒，占据主位，才能让外贼和内贼不成为祸害，而成为帮助我们培养正直品德的帮手。

度阴山曰

古人在修行上有"二贼论"：外贼和家贼。心学大师王阳明说："破山中贼易，破心中贼难。"俗话说："外贼易挡，家贼难防。"一般而言，我们把外界的感官诱惑，比如美色、美音、美食等称为外贼。这些贼看上去、听上去很恐怖，但因为它们在被我们感知之前根本不是我们心中之物，所以只要肯下功夫，就能很轻易地把它们消灭。

另外很重要的一点是，这些外贼已经被我们做了标识。我们潜意识中就把它们当成了贼，所以当我们遇到它们时，会本能地提高警惕。有了防御心和提前准备，一切事情就都好办了。这就是王阳明所说的"破山中贼易"。

但家贼为啥难防、难破呢？所谓家贼指的就是我们与生俱来的七情和六欲。

七情六欲中的"七情"是喜、怒、哀、乐、爱、恶、欲；

"六欲"是眼（见欲，贪美色、奇物）、耳（听欲，贪美音、赞言）、鼻（嗅欲，贪香味）、舌（味欲，贪美食、口快）、身（触欲，贪舒适、享受）、意（意欲，贪声色、名利、恩爱）。

如何对待六欲？这六种欲望都有点儿坏，所以对它们千万要小心，能克制就克制，能不激发就不激发。如果你激发它们，它们就会和外面的美色、美味等里应外合，攻破你的心门。当然，我们只要稍稍用点力气控制六欲，把它们控制在合理范围内，它们就会成为我们心中的家人，而不是外贼。

我们最应该警惕的其实是看似为善的"七情"。七情和六欲给人的感觉截然不同。六种欲望好像是脑门贴了"我是潜在的坏蛋"的标签。这种明枪，当然容易躲避和控制。可七种情感看上去非常无害，好像是个娇滴滴的美娇娘，最容易迷惑人——这就是"家贼难防"的原因，因为你始终把它们当成家人，毫无防备。

七情一旦发起疯来，脱离中庸之道，立即会变成洪水猛兽。太多的人都败在这七种情感上了，过度的喜、过度的怒、过度的哀伤、过度的欲望，这一切都会击垮人心，让人一败涂地。

人的成功基于理性和情感的完美调和、恰到好处。而人的失败，尤其是大失败，其实都是由于情感脱离中庸轨道。我们不是没有智慧防范七情，而是我们根本就没有准备去防范它们。

家人变贼，比外贼难对付百倍千倍，看上去特别美好的七情就是这样。

那么，如何对付家贼呢？

第一，重新认识你的七种情感。它们是你家人时是美好的情感，它们让你成为有血有肉的人，而不是机器人。但它们一旦翻脸，就会变成情绪。情绪是情感的叛徒，任其发展，就会摧毁你本来平静的心。所以，请一定要控制好你的情绪，让它保持情感的模样。

第二，与其过度在六种欲望上下功夫，不如把精力都放在七种情感上，因为只要你的情感没出问题，那欲望上也不会产生大问题。它们都会是你的家人，而不是家贼。所以，心外之物的诱惑，你如果能抵制就抵制，无法抵制就要循序渐进地放纵它。只要能保持住情感上的稳定，欲望很快就会消失。

第三，王阳明认为去心中贼的大前提是，不要总盯着别人身上的贼，要专心致志地对付自己心中的贼，这是古人特有的修身思维（回返思维）——当遇到问题时，返回内心。虽然这已经是老生常谈了，可它的确有用。

第四，人的一生就是在不停地对付外贼和家贼，你赢它们就输，你输它们就赢，不是东风压倒西风，就是西风压倒东风。所以，要有"二贼亡我之心不死"的深刻认识，和它们作对到底！

见好就收和反刍效应

> **原文**

图未就之功,不如保已成之业;
悔既往之失,亦要防将来之非。

> **译文**

与其谋划还未开创的功绩,不如全力保有现存的事业;追悔以往过失的同时,更要防范将来可能出现的错误。

> **度阴山曰**

"落袋为安"的另一种讲法是"见好就收"。俗话说:"二鸟在林,不如一鸟在手。"人生固然是赌博,可赢的人未必是你。所以要明白,一切都要遵从见好就收的原则,因为钱只有到你的口袋里了,才是你的。

"反刍效应"是人总处于痛苦中的一个原因。它的意思是,人常常把之前的过失和痛苦拿出来像牛一样反刍。反刍的人,脑子往往是短路的,只看到身后,看不到前方。要做一个快乐的人,必须和反刍效应说再见。

要掌握中庸的度

原文

气象要高旷，而不可疏狂。心思要缜缜，而不可琐屑。趣味要冲淡，而不可偏枯。操守要严明，而不可激烈。

译文

气质形象要高放旷逸，而不是粗疏狂放；思维要缜密周详，而不是烦琐细碎；生活情趣要恬淡清净，而不是偏执单调；操守要光明严正，而不是偏激刚硬。

度阴山曰

要掌握中庸之道的度以及火候，否则会失之毫厘，谬以千里：粗疏狂放是修养不够，烦琐细碎是思路不明，偏执单调是过度压抑情感，偏激刚硬不是操守，而是神经有问题。掌握好这些度的第一条准则就是，不要多想这些，先从心出发做自己。

能平事也能忘事

原文

风来疏竹,风过而竹不留声;雁度寒潭,雁去而潭不留影。故君子事来而心始现,事去而心随空。

译文

吹进稀疏竹林的风离开后,竹林不会留住风声;大雁飞在寒冷的水潭上时映出了它的影子,而当大雁飞过后,潭面也不会留下它的影子。所以,君子临事之时才会动心,事情过去后心中又会恢复之前的平静。

度阴山曰

竹林不留风声,潭水不留雁影,好比人照镜子,镜子也不留人影。圣人说,人心如明镜,物来则照,物去则空,方能此心不动。人最大的痛苦在于记忆,好比是风声已过,竹林仍记得风声,又好比是人已离开镜子,镜子仍映出人的容貌。我们总是对痛苦和失去的幸福久久不忘。人要有种本事,事情来,我就用心去应对;事情结束,我就抛到九霄云外。能平事也能忘事,才是幸福之道。

一切都要适度

原文

清能有容,仁能善断,明不伤察,直不过矫,是谓蜜饯不甜、海味不咸,才是懿德。

译文

清正而有容忍的雅量,仁慈又能当机立断,精明而不妨碍明察,刚正不阿而又不固执己见。这就像掺糖的蜜饯并不过甜,腌制的海鲜也不过咸,掌握了这个尺度就具备了处事做人的美德。

度阴山曰

蜜饯有糖却不腻,海鲜有盐却没那么咸,重点就在于糖和盐的量,这个量必须是适量、少许的。适量、少许就是中国传统思想的精华。比如清正严明,必须要有点儿柔情雅量,仁慈之中又敢于当机立断,刚中必须带点柔,柔中必须要有刚,善良必须要有锋芒,才能将善进行到底。

活得讲究一些,就是好活法

原文

贫家净扫地,贫女净梳头。景色虽不艳丽,气度自是风雅。士君子当穷愁寥落,奈何辄自废弛哉!

译文

贫穷家庭把地打扫得干干净净,贫穷的女人把头梳得干净整齐。如此景致虽算不上鲜艳华丽,却有一种雅致风范。有品德的文人学士在穷困潦倒面前,绝不可以萎靡不振、自暴自弃!

度阴山曰

这段话的意思是人要耐得住穷,人在穷时如果特别讲究,那穷讲究就是一种高雅。有些时候,这高雅连大户人家都比不上。其实这段话背后的意思是说,人最好的活法不是和别人比着怎么活,而是只要能把自己活得讲究一点儿,那就是好活法。

把握当下

原文

闲中不放过,忙中有受用。静中不落空,动中有受用。暗中不欺隐,明中有受用。

译文

闲暇时不要放过宝贵的时光做事,忙的时候就会有大大的益处。安闲时不要忘记充实自己的精神生活,工作起来后就能从中得益。一个人时保持内心的光明,在众人面前就会受到人们的尊重。

度阴山曰

现在的你是之前的所有你叠加而成的。如果你现在很成功,那要感谢从前的那些你;如果你现在很失败,怨不得你,只怨从前的那些你。人生就如高手下棋,走一步看三步,每一步都至关重要。也就是说,你人生中的关键时刻只有一个,就是现在。

如果真可以穿越,现在让你穿越到自己十六岁时,你最想对十六岁的自己说什么,告诉自己什么?

时间是什么?时间就是不让所有的事同时发生,给了我们无数"静中不落空"的机会。如果你不珍惜,那不但"动中无受用",而且你的人生都会处处落空、时时空。

致良知

原文

念头起处,才觉向欲路上去,便挽从理路上来。一起便觉,一觉便转,此是转祸为福、起死回生的关头,切莫当面错过。

译文

念头萌发时,猛然发觉它是私欲,就应该立即把它拉回正路来。邪念一产生就察觉,一察觉就转向,这是由祸转福、起死回生的重要关头,绝对不能放过。

度阴山曰

这是典型的王阳明"格物"的流程:当我们心中产生一个念头时,我们就在这个念头上格,格出的结果如果是正念,那就继续推进;如果是邪念,就立即改正。人如何知道念头的正邪呢?王阳明说,我们心中有个能知是非善恶念头的良知,按照它的指引,我们就能解决一切问题。所以,只要肯致(听命)良知、正念头,你就能逢凶化吉、起死回生。

人能胜天是一种姿态

原文

天薄我以福,吾厚吾德以迓之;天劳我以形,吾逸吾心以补之;天厄我以遇,吾亨吾道以通之。天且奈我何哉!

译文

老天如果给我很薄的福分,我就多做善事来培养品德对付老天;老天如果用劳苦来折磨我的身体,我就用闲适的心情来反击老天;老天如果用穷困来折磨我,我就开辟我的求生之路来破解困境。倘若我做了这些,老天还能拿我怎么办呢?

度阴山曰

老天要多憎恶一个人,才会不给他福气,而只给他贫穷、劳苦?如果天命是注定的话,那就只能认命。幸好,天命是有机会更改的。即使无法更改,我们也要拿出改天换命的姿态,使老天恐惧。

很多时候,我们只需拿出一种姿态,其实离成功就已经非常近了,再努力一把,成功就在手中。而"人能胜天"这种想法就是一种最高姿态。

写出你自己的人生对错标准

> 原文

真士无心徼福，天即就无心处牖其衷；险人著意避祸，天即就着意中夺其魄。可见天之机权最神，人之智巧何益！

> 译文

有操守的人没有追求福运的念头，但老天却在他无意之间让他得到福运，满足其心愿；邪恶的人虽然用尽心机要逃避灾祸，可老天却非在他逃避时夺走他的灵魂。由此可见，老天的机智权谋出神入化，人的智慧技巧又有何用？

> 度阴山曰

人逆天而行，就是自寻死路，可天却喜欢逆人而行：不想追求福运的人，老天偏给他福运；不想遇到灾祸的人，老天非给他灾祸。

其实如果人能摸透老天的脾气，对付老天也就轻而易举。老天逆人而行，逆的是人的念头，顺的是人展现出来的行为：你行善的行为，它顺你、认可你；你行善却不想得善报，它却逆你。你作恶的行为，它顺你、认可你；你作恶却不想得恶报，它却逆你。

懂得老天这个模式，你就知道自己该怎么搞定它了：但行好事，莫问前程。

人生的考试，一题都不能错

> 原文

声妓晚景从良，一世之烟花无碍；贞妇白头失守，半生之清苦俱非。语云："看人只看后半截。"真名言也。

> 译文

妓女到晚年做了良家妇女，她以前的妓女生涯没有对以后的生活形成污点；贞洁妇女坚守一生，到晚年而失节的话，那她之前的守节岁月都付诸东流。俗话说："评价一个人，只看他后半生。"真是至理名言啊。

> 度阴山曰

"为山九仞，功亏一篑。"人生最可怕之处在于，你只要在后半生行差踏错一步，那你之前付出的一切都将付诸东流。比如，你之前是一个刚正不阿的清官，晚年突然脑子一热收了一笔贿赂，那不仅清名尽毁，还要接受法律的制裁。

人生这场考试，有些题不能答错，答错一题，就很可能不及格。如此看来，人生若要不出差错，比登天还难。所以，你应该调整你人生对错的评价标准，把对错调成问心无愧和问心有愧，如此，才能不被外在标准困住。

知行不一的危害

原文

平民肯种德施惠,便是无位的卿相;
仕夫徒贪权市宠,竟成有爵的乞人。

译文

普通人如果能多积功德,广施善行,就是没有爵位的卿相;达官贵人如果一味贪图权势,把官职权力当成买卖,那他就是个带爵禄的乞丐。

度阴山曰

人如果做出许多和自己身份不搭的事,就会显得"没品"、油腻。比如做官的买卖官职,这就是没品位,让人瞧不起。人不管什么身份,只要有行善的行为,马上就"高大上"起来,让人刮目相看。

可问题在于,古往今来,有些人宁可没品位、油腻也要做大官,而很少有人喜欢做行为高尚的普通百姓。这就是最典型的知行不一:说一套做一套。高阁之上,此心光明;红尘之中,利欲熏心。

家庭传承是好是坏

原文

问祖宗之德泽,吾身所享者,是当念其积累之难;
问子孙之福祉,吾身所贻者,是要思其倾覆之易。

译文

如果要问祖先的恩德,正是我们现在所享有的一切,所以要时时感念祖先的辛苦积累;如果要问我们的子孙后代将来能享受到什么福泽,就要看我们到底能留给他们什么恩德,还要让他们知道败坏家业是特别容易的。

度阴山曰

在以血缘关系为纽带组建的家庭中,主要的关系是传承。传承的不仅是财富,还有德行。在传承中,我们会发现祖先的不容易,于是更加珍惜当下的一切,同时还会让我们以身作则,给后代积累财富和德行。这种传承能使社会最小单位(家庭)不需要国家太多的管理成本就能自我管理;但每个人都会为后代积攒一切,倘若是积攒德行还好,但若是为了积攒财富而不择手段,那就成了一窝子坏蛋。

真小人易防，伪君子难防

原文

君子而诈善，无异小人之肆恶；
君子而改节，不若小人之自新。

译文

伪装善良的正人君子，无异于肆意作恶的小人；君子如果改变自己的操守和志向，那就远不如一个痛改前非、重新做人的小人。

度阴山曰

正人君子所作所为皆是违反人之本能的，比如坐怀不乱、拾金不昧、高风亮节。所以正人君子难做。但这又是个特别耀眼的群体，所以大家都争抢着来做，结果就出现了大批伪君子。

我们为什么有时候更喜欢真小人，而不喜欢伪君子呢？因为真小人坏得明显，大家一眼就能看出这是个坏人，于是自觉绕开他。但伪君子很难识别，平时装出一副君子的样子骗取你的信任，但谁也不知道他什么时候会在背地里捅你一刀。

真小人易防，伪君子难防。

少讲道理，家家的经都容易念

原文

家人有过不宜暴扬，不宜轻弃。此事难言，借他事而隐讽之。今日不悟，俟来日正警之。如春风之解冻、和气之消冰，才是家庭的型范。

译文

家人犯错，不能暴露传扬，也不应轻易弃之不理。倘若他犯的错误不方便直接劝阻，就借用别的事情暗示、劝告他；倘若今天他不省悟，可以耐心等明日再真诚地警示他。如同暖风悄悄融化冰土、温和的气温缓缓消释冷冰，这才是良好家庭的模样。

度阴山曰

为什么中国人总喜欢说"家家有本难念的经"呢？因为中国古代的家庭和今天的家庭并不完全相同，古代家庭讲究等级，父亲属于一家之长，权威不容挑战。其他家庭成员之间的关系则是靠"和为贵"的处世法则和含蓄的情感勾连而成。所以，家庭成员之间要保持和睦，要以情动人，不用以理服人，这就是中国古代家庭中的和谐原则。

聪明人自己创造美丽新世界

原文

此心常看的圆满,天下自无缺陷之世界;
此心常放的宽平,天下自无险侧之人情。

译文

心中把万事万物都看得美好,天地间的事自然没有缺陷;此心常处于平衡时,也就不会去刻意体会人间邪恶了。

度阴山曰

客观世界固然是存在的,可人之所以为人而不是畜生,就是因为人能跳出客观世界,创造一个自我世界。同样是一朵鲜花,有人看到美丽,有人则看到牛粪。美丽是一世界,牛粪也是一世界,创造的法门就是你我的心。邪恶固然客观存在,但只要你能心态平和,承认邪恶,尽量远离邪恶,不受其熏染,那你重新创造的这个世界就是美丽新世界。

我们当然无法改变客观世界,也不需要改变,因为真正聪明的人绝不会让自己活在客观世界中,而是活在自己的美好心灵所创造的世界中。只有蠢人才会顺应客观世界,一看到社会上某些黑暗就钻进黑暗,看到不好的社会风气就去吸收。如此,就是活在地狱般的客观世界中。

君子不要锋芒过露

原文

淡薄之士，必为浓艳者所疑；检饬之人，多为放肆者所忌。君子处此固不可少变其操履。亦不可太露其锋芒。

译文

把名利看得很淡的人，定会遭到热衷名利之人的怀疑；自律的真君子，往往会遭受放纵之辈的忌恨。君子如果遇到这种情况，固然不可改变自己的操守和志向，也绝对不可锋芒尽出，过分表现自己的操守和志向。

度阴山曰

人间有种败类，常常"以小人之心度君子之腹"。

一只仙鹤站在鸡群中，鸡群鼓噪说："这鸟肯定整容了，否则不可能这样高。"小鸟永不知大鹏飞天之志，还怀疑它故作姿态。所以如果你淡泊名利，那进名利场就等于进了朝你咻咻不已的猪圈；如果你高度自律，进了为所欲为的人的圈中，就等于白鸽进了乌鸦大聚会。

我们无法解决"以小人之心度君子之腹"的肮脏魔咒，但至少还有以下办法可以应对：第一，远离这种圈子；第二，如果无法远离，那就收敛自己的锋芒，千万别和对方硬来，显露淡泊和自律，只会让自己成为靶子。

时刻准备好摔跟头

原文

居逆境中，周身皆针砭药石，砥节砺行而不觉；
处顺境内，满前尽兵刃戈矛，销膏靡骨而不知。

译文

在逆境中，好比是全身扎着针、敷着药，不知不觉中就磨炼了意志，培养了高尚品行；在顺境中，好比被各种兵器包围，不知不觉中身体被掏空，意志也被消磨。

度阴山曰

老人们常说，年轻时多吃点苦，对将来有好处。这句话是有道理的。

大家可能有经验，上学时那些优等生，长大后固然有成才的，但真正成大才的却不多，反倒是那些成绩不好，甚至经常挨批评的人，懂事后学业突飞猛进，出人意料地做出一番事业。

人生路上不可能永远是顺境。那些年轻时经过失败摔打的人提前有了失败的经验，身子被摔打得结实了，再摔也就不怕了。而那些优等生，却因为从没有失败过，一旦跌了跟头，可能就摔蒙、爬不起来了。

当然，人生是逆境还是顺境并不以你的主观意志决定，你能做的就是时刻做好摔跟头然后爬起来的准备。

欲望和权势是两大双刃剑

原文

生长富贵丛中的，嗜欲如猛火，权势似烈焰。若不带些清冷气味，其火焰不至焚人，必将自焚。

译文

在富贵中的人，欲望如猛火一样强烈，权势如烈焰一般烤人。如果不经常给他们泼点冷水，即使他们的欲望和权势不会烧毁他人，也会烧毁自己。

度阴山曰

水火无情却有意。它们不会主动焚烧人，也不会主动淹死人，都是有人主动送上门来，水火才显得有意而无情。欲望和权势是人类的两大利刃，正确使用就能造福于世，错误使用则会玉石俱焚。

人人都知道欲望和权势的好处，却很少有人知道它们也有坏处。这并不是人类愚笨，而是与欲望和权势的好处相比，其坏处可以忽略不计。所以，世人都在追求欲望和权势，而很少有人会主动把自己的欲望和权势关起来。

追求欲望和权势是庸人，克制欲望和权势是圣人。所以庸人多而圣人少，"少数服从多数"有时候是错误的。

真诚定律

原文

人心一真,便霜可飞、城可陨、金石可贯;若伪妄之人,形骸徒具,真宰已亡,对人则面目可憎,独居则形影自愧。

译文

人只要有真诚之心,六月可飞雪,长城可倒塌,坚硬的金石可以开裂。但如果是虚假的人,只是行尸走肉,早已不是人了。

度阴山曰

我将其命名为"真诚定律",它在《菜根谭》中出现多次,这个全人类都认可的美德在古代简直可以看作神灵的化身:窦娥哭得真诚,六月飞雪;孟姜女哭得真诚,长城倒塌;神射手熊渠子真诚地射击石头,石头为之开裂。这都是在谈真诚的神力。

真诚的神力似乎在告诉我们这样一件事:世界上所有的事,你只要真诚无欺地用心去做,就一定能做成。

但如果你不真诚,对待事情三天打鱼,两天晒网,对待他人心不在焉,那就注定一事无成。

恰到好处，才是真好处

原文

文章做到极处，无有他奇，只是恰好；
人品做到极处，无有他异，只是本然。

译文

最好的文章，没有神奇之处，只是恰到好处；最美的人品，也没有异于常人的地方，只是个自然而然。

度阴山曰

古人讲究恰到好处。就如烤羊肉串，最好的烤羊肉串必须是恰到好处的：嫩一点儿不行，老一点儿也不行。又像宋玉所描写的美人：增之一分则太长，减之一分则太短；著粉则太白，施朱则太赤。

恰到好处关键点在一个"恰"字。"恰"是事物和心的相合，也就是说，恰到好处的好处到底有多好，没有客观评判标准，标准在每个人的心里。心中好，才是真的好。

站得高，才能看得远

原文

以幻迹言，无论功名富贵，即肢体亦属委形；以真境言，无论父母兄弟，即万物皆吾一体。人能看得破，认得真，才可以任天下之负担，亦可脱世间之缰锁。

译文

从形式的角度来说，功名富贵是幻象，就是四肢形体也属于虚幻之象；从世界的本体的角度说，父母兄弟与我一体，就是世间万物也都与我为一体。能够看破幻象，认识世界的本来面目，才能承担起济世安民的重任，也才能摆脱名缰利锁的牵绊。

度阴山曰

看破幻象，认识世界的本体，就是要无我，要万物一体。无我是不惧风暴、勇往直前的进取精神，万物一体则是怜悯苍生的责任心和使命感。人只有把自己塑造得高大，脱离芸芸众生，才能站得高，看得远，才能不被名利牵绊。

当你站得足够高时，就不会被名利缠绕，如此才能更有心力去做你想做的济世安民的大事。

事与愿违是常态

> 原文

爽口之味,皆烂肠腐骨之药,五分便无殃;
快心之事,悉败身散德之媒,五分便无悔。

> 译文

可口的山珍海味,多吃便成毒药,五分饱对身体最好;称心如意的好事,都是推人走向身败名裂的黑手,凡事绝不可求心满意足,只要能差强人意就很好了。

> 度阴山曰

五分饱是中庸,既没有饿到也没有撑到。这叫恰到好处。而人生不如意事十之八九,所以不可能所有的事都称心如意,你要相信事与愿违才是人生常态。接受这种常态,尽量做到差强人意,就是人生大欢喜了。

人生苦,就在于我们往往不能心想事成,最好的结果也不过是差强人意。倘若你一直很顺,运气又特别好,那就要小心了,可能前面有坑。

有条件的宽恕能远离灾害

原文

不责人小过,不发人阴私,不念人旧恶,三者可以养德,亦可以远害。

译文

不责备他人的小过错,不揭发他人的隐私,不记恨以前的嫌隙,这三方面不仅可以培养德行,还能让自己远离祸患。

度阴山曰

人如何趋吉避凶呢?有一招行之四海的标准:宽恕。但这宽恕,是有条件的宽恕,比如,对待别人的小错可以不追究,但大错不行;对别人的隐私无关痛痒的可以不揭发,但有关正义的不行;至于旧恨,小的可以不记恨,但如果是大仇,那就必须现场报了。

有条件的宽容内可以扩充自己的肚量,外可以遇事不情绪化,提升心性,这是养德。那它怎么远害呢?人生中所遇到的害百分之九十以上是由自己的心胸引来的。心胸不宽广,遇事情绪化,好纠结,负面能量就会被你吸来。若心胸宽广,则不会有这样的事情。你人生中只剩下那百分之一注定的祸害,这就叫远害。

此生是否有遗憾，临死前才知道

原文

天地有万古，此身不再得；人生只百年，此日最易过。幸生其间者，不可不知有生之乐，亦不可不怀虚生之忧。

译文

天地万古常在，而人的生命只此一次。人生最多有百年生命，与天地相比，这只是一瞬。有幸来到世间，不可不重视生活的乐趣，也不可不怀虚度此生的忧虑。

度阴山曰

人生的痛苦很多，乐趣其实也不少。每个人人生中的痛苦，他都能得到，但乐趣却未必。当然，对于乐趣，我们不必全部抓住，只要抓住一点儿即可。虚度此生者大有人在，其实也没有关系，因为无论是否虚度，最后都归寂灭。只愿你在人生的最后时刻，回顾往昔，能无愧一生。能否无愧一生，平时不知道，只有死时才知道。所以，活着的时候，不要胡思乱想是否能无愧一生，临死前想，也来得及。

谁的福谁享，谁的罪谁受

原文

老来疾病，都是壮时招得；衰时罪孽，都是盛时作得。故持盈履满，君子尤兢兢焉。

译文

年老时患的病，都是年轻时不注意招致的；失意后遭受的罪责，都是得意时埋下的祸根。人在拥有成功和圆满的生活后，必须要小心谨慎啊。

度阴山曰

人在功成名就后要小心，不可为富不仁，也不要傲慢无礼。这都是豆子，种下去肯定会长出豆来。在因果论者看来，人生就是一个春耕秋收的过程，春天种什么，秋天收什么。

人生同时也是块地，你想收获什么，就要种下什么。大多数人，种下的都是恶因，收的是恶果。所以中国还有句话叫：谁的福谁享，你种下的；谁的罪谁受，也是你种下的。

做人不可本末倒置

原文

市私恩，不如扶公义；结新知，不如敦旧好；立荣名，不如种阴德；尚奇节，不如谨庸行。

译文

施与个人的恩惠不如扶持公众舆论；结交新朋友不如和老朋友加深友谊；建立荣耀的名声不如积累阴德；崇尚奇异的节操不如在日常生活中注意小节。

度阴山曰

当人做本末倒置的事时，会很吃力，反之则特别轻松。比如，拉拢一个人不容易，但通过人格魅力聚拢一群人就比较容易。结交新朋友难，和老朋友加深友谊则比较容易。建立世人皆知的荣耀难，积累美德却比较容易。特立独行的节操很难建立，在日常生活中注意小节就比较简单。但是，大多数人却选择难的而放弃容易的，他们喜欢把全部精力放在一个人身上，喜欢到处结交朋友，喜欢标新立异。只有通达的人，才知道，容易的事才是"本"。

珍爱生命，远离权贵

原文

公平正论不可犯手，一犯手则贻羞万世；
权门私窦不可著脚，一着脚则玷污终身。

译文

公平、合理的规则绝不可伸手触犯，否则会留下千秋万世的羞辱；权贵之家绝不可轻易涉足，走后门更是不可，否则会留下一生的污点。

度阴山曰

我们敬畏公平、合理的规则，要像敬畏鬼神一样。因为公平、合理的规则，是众人用良知验证过的真理，在真理面前是胆小鬼，才会在邪恶面前是英雄。

中国古老的传统思想始终告诫我们：珍爱生命，远离权贵。权贵没有好鸟，正如天下乌鸦一般黑。仇视权贵，是人类的特点。有人仇视权贵是因为权贵的确可恨，而有人仇恨权贵是因为自己不是权贵。

同一种行为，念头不同，心情当然也就不同。

不必讨好别人

原文

曲意而使人喜,不若直躬而使人忌;
无善而致人誉,不如无恶而致人毁。

译文

用委屈自己的意愿去博取他人的欢心,实在不如以刚正不阿的言行而受小人的忌恨;没有善行而接受他人的赞美,还不如没有恶行却遭受小人的诽谤。

度阴山曰

有一种人格叫讨好型人格,特征是总担心别人生气。因为担心别人生气,所以用"哄着"的心态和他人交流,永远在违心的博取他人的欢心。

这种糊涂虫最糊涂的地方在于,他讨好一切人,无论是衣食父母而是泛泛之交。他不明白来到世界的目的。人生短短几十年,倘若总委屈自己的活着,那还不如不来。

如果是内部矛盾,那就不要讲理

原文

处父兄骨肉之变,宜从容不宜激烈;
遇朋友交游之失,宜剀切不宜优游。

译文

遇到父兄骨肉之间的纷争,要心平气和,绝不能言辞激烈;遇到朋友结交了恶棍,要规劝恳切,绝不能优柔寡断地旁观。

度阴山曰

无论是父兄骨肉的纠纷还是规劝朋友,都属于内部矛盾。既然是内部矛盾,那就应以情感来解决问题。人在亲情面前,哪里有什么是非,只能谈感情。朋友之间的规劝也一样。古人常说,对朋友"劝赌不劝嫖"。如果是真心朋友,那吃喝嫖赌都应该劝;若不是真心朋友,你劝了也没用,不如旁观看看热闹。

成事者的三大特质：细节、自律、精气神

原文

小处不渗漏，暗处不欺隐，末路不怠荒，才是真正英雄。

译文

细微处不疏忽遗漏，独处时不做见不得人的事，穷途末路时仍能精神振作，这才是真正的英雄。

度阴山曰

成功者大致有三个特点：细节主义、自我管理、精气神。细节主义体现在做事中，它可以磨练人的意志，使人精益求精；自我管理体现在修行中，它可以让人成为自己的主人，而非外在约束的奴隶；精气神体现在灵魂中。这是一个人能成事的三大必要条件，不能缺少任何一样，也没必要增添其他。它也可以看成是高效能人士的三个习惯：注重细节、自律、天天向上。

做个正常人,人生才正常

原文

惊奇喜异者,终无远大之识;
苦节独行者,要有恒久之操。

译文

喜欢新奇、特异的人,不会有远大的见识;俭约过度或特立独行的人,此种情操不会长久。

度阴山曰

没见过世面的人才会对新奇事物一惊一乍,总是沉湎于新奇事物就没有办法沉下心来钻研已有的事物,对眼前事物的认识就没法深入,见识注定永远浅薄。

敬畏、遵从种种美德没错,过度了却适得其反。比如勤俭过度会成为守财奴;保持独立精神过度,会成为特立独行、不识人间烟火的怪胎,这就违背了美德的本意。由于不近人情,所以这种不属于人间、不被人认可的操守也不可能长久。

做个正常人,没那么难,别总一惊一乍。不做他人眼中的怪胎,仅此而已。

人为什么总是"知行不一"

原 文

当怒火欲水正腾沸时，明明知得，又明明犯着。知得是谁，犯著又是谁。此处能猛然转念，邪魔便为真君子矣。

译 文

当愤怒的火焰、欲望的洪水正翻腾时，虽然知道这样是错的，却又这样去做了。心知肚明的是谁？明知故犯的又是谁呢？若能在此处猛地转变念头，把怒火和欲水消灭，那心中的邪魔就会成为真正的君子了。

度阴山曰

人人都在"明知故犯"：明明知道这样做是错的，却还是要这样去做。按王阳明的说法，这就是典型的"知行不一"。人为何会"知行不一"呢？有三点原因。

第一，在知和行之间掺杂了私欲。我知道偷窃是不对的，可我需要换一辆更好的车，于是我偷了。这就是有私欲掺杂。

第二，理障。很多时候我们受太多的知识、思想干扰，知的是错的，行的也就是错的。比如远古时期的占卜、风水，这种知就是错的，所以你行它，当然会错。

第三，知的不真切。比如愤怒，你知道愤怒不好，但你还是愤怒了，说明你对"愤怒不好"这四个字只是蜻蜓点水地知，并非真知。什么是真知？就是你很清楚愤怒会给你带来多么严重的后果。比如，你的两只手因愤怒而被别人砍掉了，那么下次你就长记性了,每次要愤怒时都会想到没有了的两只手,那你肯定不会再愤怒了。

我们之所以在"知行合一"上总是不长记性,就是因为记忆不够真切、深刻。每个人对物质欲望的渴求永远都是在"知道这样是错的,可还是这样去做了"这个常识上。倘若我们追求一次物欲,老天就砍掉我们一根手指,那请相信,再也没有人会沉浸在物质欲望中而呻吟了。

别用自己的长处和他人的短处比

原文

毋偏信而为奸所欺，毋自任而为气所使，毋以己之长而形人之短，毋因己之拙而忌人之能。

译文

不要被他人的片面之词欺骗，也不要对自己的才干迷之自信而受意气驱使，更不要用自己的长处去比别人的短处，尤其是，不要因自己笨就嫉妒他人的聪明。

度阴山曰

你所听到的每句话，都要思考它的背景，包括说这句话的人平时的为人、说这话时的情绪、他的意图等。看似稀松平常的一句话，藏着它主人的用心。

自信是好事，但千万不要建立在意气用事上。否则，自信就是个坏事的催化剂。

人生不是"田忌赛马"，也不是战争，不必用自己的长处和别人的短处比拼；人生是合作，不要用自己长处去贬低别人短处。

别站在道德制高点指责别人

原文

人之短处，要曲为弥缝，如暴而扬之，是以短攻短；人有顽的，要善为化诲，如忿而嫉之，是以顽济顽。

译文

别人有缺点，要婉转地为他掩饰或规劝他，如果去揭发和张扬，就是在用自己的短处来攻击别人的短处；发现某人冥顽不灵，要耐心地诱导和启发，倘若生气、厌恶，不但不能改变他的固执，同时也证明了自己的固执，如同用愚蠢救助愚蠢。

度阴山曰

有人曾问心学大师王阳明：如何对付恶人？王阳明告诉他，看到恶人的恶行，万不可直截了当去揭发他的恶。如果这样，他那奄奄一息的良知会突然诈尸，恨死你。你要做的是循循善诱，在悄无声息中把他引到善的轨道来。如果你和他硬来，激起了他的恶行，平白无故创造一个恶人，你和恶人无异。

许多人总以为站在道德制高点就可以对犯错的人居高临下、颐指气使，这非但无法解决问题，还会把自己赔进去。没有人喜欢他人高高在上的指责，越是正确的指责越不被对方喜欢。

人要时时刻刻检点自己，因为稍有溜号，就从善滑向了恶。

别和初见面的人推心置腹

原文

遇沉沉不语之士，且莫输心；
见悻悻自好之人，应须防口。

译文

遇到表情阴沉、沉默寡言的人，千万不要和人家推心置腹；见到自命不凡又刚愎自用的人，就要少说话。

度阴山曰

为什么遇到沉默寡言、看上去城府很深的人，不要和他交心？因为会让人看轻你。一个初次见面，不管你爱听不爱听就和你吐露心声的人，会是什么人？你遇到这种人，要么觉得奇怪，要么觉得人家另有所图。

所以，不仅遇到沉默寡言的人不要推心置腹，遇到任何人都不要推心置腹，你又不是祥林嫂。

至于那些自命不凡、刚愎自用的人，更不要和他多讲一句话，因为你所有的话在他们这种人心中都是废话。管住嘴，不仅能使你生理健康，还能让你心理健康。

人生要张弛有度

原文

念头昏散处,要知提醒;念头吃紧时,要知放下。不然恐去昏昏之病,又来憧憧之扰矣。

译文

念头不清醒、不集中时,要提醒自己保持清醒;念头特别紧张时,要懂得放下。否则,治好了不清醒的毛病,又会产生心意不定的问题。

度阴山曰

人昏头昏脑,三心二意时,要提醒自己谨慎起来,大多数人生问题都是在我们念头放松时趁虚而入的。而人在执念时,更要提醒自己放松。能放松才能更好的抓紧。人不清醒会出差错,高度紧张时,更会出错。张弛有度说的不仅仅是劳逸结合,还有对人对事的态度,分清状况,区别对待。

人生一切痛苦都可翻篇

原文

霁日青天，倏变为迅雷震电；疾风怒雨，倏转为朗月晴空。气机何尝一毫凝滞，太虚何尝一毫障蔽，人之心体亦当如是。

译文

正晴朗的天空，突然就雷雨交加；本来疾风骤雨的天，突然变成晴空万里。大自然的运行何曾有过片刻停息呢？宇宙的运行又何曾有过丝毫阻滞？因此，人的身心也要如此。

度阴山曰

初看这段，还以为老天的脸是孩子的脸，说翻就翻。再仔细看，才发现这是天人合一理论最接地气的一条心灵定律：老天刹那之间暴雨转晴，绝不滞留，说翻脸就翻脸，就仿佛人生一切痛苦皆可翻篇一样。很多人不具备这种说翻篇就翻篇的能力，总是沉浸在从前的痛苦中，明明现在已晴空万里，心中仍是当初的雷雨交加，这就是没有活明白。懂得运用这条定律，就能让你的内心永远晴空万里，远离阴雨连绵。

用定力斩灭私欲

> [原文]

胜私制欲之功,有曰识不早、力不易者,有曰识得破、忍不过者。盖识是一颗照魔的明珠,力是一把斩魔的慧剑,两不可少也。

> [译文]

战胜私心、克制欲念的功夫,有人认为是因为识破得不够早或定力不够而无法获得,有人则认为是因为虽能够识破私心、欲念的危害却无法忍受诱惑而无法得到。所以,智慧是一颗照见邪魔的明珠,定力则是一把斩杀邪魔的智慧之剑,二者缺一不能。

> [度阴山曰]

胜私制欲,靠的就是智慧和定力。智慧让我们提前分辨私心和欲念,定力则让我们彻底和它们斩断联系。按王阳明的意思,只需要定力即可。人之所以没有智慧分清私心和欲念,并非智慧不够,而是定力不足。你若定力足,肯定能分清私欲;你若定力不足,即使分清了也没有力量去消灭它。

横逆困穷是人生常态

> 原　文

横逆困穷，是锻炼豪杰的一副炉锤。能受其锻炼者，则身心交益；不受其锻炼者，则身心交损。

> 译　文

人间一切横逆穷困都是磨炼英雄豪杰心性的熔炉。只要能够接受这种锻炼，对人的形体和精神都有益处；反之，如果承受不了煎熬，那么将来他的肉体和精神都会受到损害。

> 度阴山曰

熬得住是修行，熬不住就是休矣。人处于穷困时或者遇到不顺心的事时，其实最伤身体和心灵。无论你如何转变心态，伤害都在，只不过有轻重的区别。王阳明、曾国藩的寿命很短就是证明。人生就是这样：面对穷困和不顺心的事时，熬得住就是修行，熬不住则是大多数人的人生。

横逆困穷是人生常态，一帆风顺才有问题。人生就是苦的，要接受！

防人之心不可无

原文

害人之心不可有，防人之心不可无，此戒疏于虑者。宁受人之欺，毋逆人之诈，此警伤于察者。二语并存，精明浑厚矣。

译文

"害人之心不能有，防人之心不可无。"这句话是用来劝诫那些在和他人交往时思考不细致的人。"宁可受人欺骗，也不事先猜疑他人心怀伪诈。"这句话是用来劝诫那些警觉性过高的人。能把这两句合二为一，就算是警觉高又不失淳朴宽厚的为人之道。

度阴山曰

只要我不害人，就没什么可怕的。这是典型的不知人性之恶。这个世界上就是有些人会遇到无妄之灾，所以不害人不是重点，懂得防人才是重点。当然，防人也要有度，千万不要神经兮兮地抱着"总有刁民要害朕"的想法。这不是警觉性高，而是有病。

大丈夫光明磊落，这是不害人；大丈夫要懂点人性，这是要防人。二者兼备，才能成为活着的大丈夫。否则，就如同韩信、岳飞一样，被人谋害了还不知道怎么回事。

无论何时都要做自己

原文

毋因群疑而阻独见，毋任己意而废人言，毋私小惠而伤大体，毋借公论以快私情。

译文

不要因他人的怀疑而影响自己独到的见解，不要固执己见而轻视别人的意见，不要因为贪小便宜而影响大局，不要假借公众舆论来满足自己的私欲。

度阴山曰

你必须要做自己，而且必须要做最好的自己，因为最烂的那个自己，你没有那么厚的脸皮能做到。

当你做自己时，别人的怀疑就无法阻止你，你也不会固执己见，不会贪小便宜，因为这些事情都会妨碍你做最好的自己。

和恶人分手要掌握好火候

原文

善人未能急亲,不宜预扬,恐来谗谮之奸;
恶人未能轻去,不宜先发,恐招媒孽之祸。

译文

结交一个有修养的人不必急着与他亲近,更不必事先宣扬,避免引起坏人的嫉妒而在背后污蔑、诽谤;如果不能轻易摆脱一个心地险恶的坏人,那绝对不能草率行事把他快速打发走,尤其不能打草惊蛇,以免遭受报复、陷害等灾祸。

度阴山曰

和你喜欢的人交往,无论男女,都要循序渐进,慢慢升温。倘若突然把温度直升上去,那非把你们的友谊烧死不可。有些人就很猴急,总想着吃一顿饭就同床共枕,这是耍流氓。

而当我们和对象的交往持续一段时间后,如果发现对方是个"人渣",此时绝不能说翻脸就翻脸,以免遭到报复。心地险恶的人特别不喜欢别人拒绝自己。社会上那些以杀戮为结局的爱情,有时候是和"人渣"分手时没有掌握好火候而导致的。

偷偷努力，然后惊艳所有人

原文

青天白日的节义，自暗室屋漏中培来；
旋乾转坤的经纶，从临深履薄中操出。

译文

如青天白日一样的光明磊落的节操和义行，是一个人独处时培养出来的；治国安邦、旋转乾坤的韬略，是从如临深渊、如履薄冰中磨炼出来的。

度阴山曰

这个世界上所有你看到的事物都只是表象，你没有看到的要比你看到的庞大、复杂得多。有时候你看到一个人光明磊落，但背后却是几十年如一日的修行；有时候你看到一个人长袖善舞，旋乾转坤，好不潇洒，但背后却是无数的汗水和努力。

台上一分钟，台下十年功。那些光鲜成绩的背后是超乎你想象的努力。如果你明白了这个道理，你就明白了偷偷努力的重要！

父母之爱，无欲无求

原文

父慈子孝、兄友弟恭，纵做到极处，俱是合当如是，著不得一毫感激的念头。如施者任德，受者怀恩，便是路人，便成市道矣。

译文

父母慈祥，子女孝顺，兄弟姐妹之间友爱，即使到极致，也都是骨肉至亲之间应当做的，因为这全是从人类与生俱来的爱中而来的，彼此之间如果还有企望回报的想法，那就成了菜市场买菜，是可以交易的生意了。

度阴山曰

人类之所以繁衍至今，有一个因素起到绝对作用：父母对儿女的爱。这种爱是无欲无求的，是不求回报的。凡是父母对儿女的爱有回报期待的，家庭关系都不怎么样。正是因为父母爱孩子、照顾孩子，无怨无悔，人类才会繁衍至今。

但子女对父母的爱却是有条件的。这是人类天性所决定的，为人父母，要想得开这一点。

做好被人嫉妒、恨的准备

原文

炎凉之态,富贵更甚于贫贱;妒忌之心,骨肉尤狠于外人。此处若不当以冷肠,御以平气,鲜不日坐烦恼障中矣。

译文

世态炎凉,富贵之家比贫穷人家显得更鲜明;嫉妒之心,骨肉至亲之间比陌生人显得更厉害。一个人处在这种场合时必须要以冷静的态度来应付,用理智来压抑不平的情绪,那就不会陷入如坐针毡的烦恼中。

度阴山曰

这个世界上一心希望你好的人只有三个:父亲、母亲、妻子。除此之外,什么兄弟姐妹、七大姑八大姨,什么歃血为盟的兄弟,都希望在你落魄时看你热闹,在你成功时嫉妒你、恨你。

我们不能说这是人性之恶,因为当所有人都这样时,它就是一种理所应当的无善无恶的存在。对于这种无善无恶的存在,我们不能改变,只能看开。当你在享受别人羡慕的目光时,就要做好别人恨你的准备。有了这种心理准备,你就尽情炫耀你的成功吧。

自己的功过不能相抵

> 原文

功过不宜少混，混则人怀惰隳之心；
恩仇不可太明，明则人起携贰之志。

> 译文

一个人的功绩和过错的概念完全不同，绝不能说功过相抵，否则就会让人不思进取；恩惠和仇恨不能分得太清，否则就会让人背叛你。

> 度阴山曰

功过不能相抵，功就是功，过就是过。只有这样分清楚，才能让你更加有动力去追求功而避免过。如果功过可以相抵，当你大致计算后，发现自己无功但也无过，就不会再去改过了。

但对于别人的功绩和过错，你就应该"混为一谈"，倘若把别人的过错和功绩分得特别清，别人只会发现你记得他们的错，而不会发现你也记得他们的功。这样，他们就会有二心。

这就是双标准：对自己，功是功，过是过，都是"单打"；对别人，则是功过混合，可以"双打"。

让坏事暴露出来，把善事隐藏起来

原文

恶忌阴，善忌阳，故恶之显者祸浅，而隐者祸深。善之显者功小，而隐者功大。

译文

一个人做了坏事，最担心的是被人发现；做了好事，最忌讳的是自己出去宣传。所以坏事如果及早被发现，那灾祸会相对小些；如果不容易被人发现，灾祸就会更大。如果一个人做了好事而自己宣扬，那功劳就会变小，而做好事不留名就会让功劳变大。

度阴山曰

曾有人去拜佛，对佛祖说："我某天做了件坏事，希望你保佑我别让人知道；某天我做了件好事，能不能保佑让所有人都知道啊。"

佛被气了个半死，说："你也太为难我了吧。"

做了坏事生怕被人知道，做了好事生怕别人不知。有这种心理的人该有多忙，既在忙着事情本身，又在忙着事情之外的事。

做了坏事如果能被人发现，那下次再犯时就会有所收敛。其实最好的办法不是被别人发现，而是自己良心发现。做了好事如果总是到处宣扬，那积累的功德就几乎为零，等于白忙一场。

为什么做好事到处宣扬的人不会得老天所赏赐的正果？因为正果已经赏赐给你了，那就是他人的赞美和你被赞美时虚荣心的满足，除此就不会再给你任何东西了。

德与才是否能兼备

原文

德者才之主，才者德之奴。有才无德，如家无主而奴用事矣，几何不魍魉猖狂。

译文

品德是才华的主人，才华是品德的奴隶。有才华而无品德，好比是家中没有主人而由奴隶主事，怎么可能不像传说中的鬼怪一样狂妄而放肆呢。

度阴山曰

古往今来，德才兼备的人实在少之又少。因为品德和才华很难两全，人在品德上用功了，就会荒废才华；人在才华上用功了，就会缺少品德的培养。品德无懈可击而无才华的人，会留下美名，但对社会和人类的贡献却很少，而那些有才华而无品德的人，却会给人类创造价值。从这个角度看，有才无德的人可能更有贡献。

穷寇要不要追

原文

锄奸杜幸,要放他一条去路。若使之一无所容,便如塞鼠穴者,一切去路都塞尽,则一切好物都咬破矣。

译文

要剪除、杜绝奸邪和得宠的小人,就需给他们留一条活路。倘若一点儿出路都不给,如同堵塞老鼠洞一样,一切逃生道路都被堵死,那老鼠就会把一切好的东西咬坏。

度阴山曰

谚语说:"人情留一线,日后好相见。"《孙子兵法》说:"穷寇莫追。"咱们的老祖宗说:"兔子被追急了还咬人呢。"

这些听上去很有道理的老话说的正是做人、做事不可太绝,一旦不给人留后路,你自己的路也就走窄了。

但是,你一定要搞清楚所谓的"穷寇莫追""人情留一线"的受众群体。它们针对的是那些还没有力量把对手彻底搞死的人,如果已经有力量把对手搞死,那就要"宜将剩勇追穷寇"。

仗义执言也是善行

原文

士君子贫不能济物者,遇人痴迷处,出一言提醒之,遇人急难处,出一言解救之,亦是无量功德矣。

译文

君子因贫穷而不能用财物来救济他人,当有人感到迷惑而不知如何解决时,能从旁指点一番,或遇到人处于急难之中时而从中说几句公道话来解救他的危难,也算是很大的善行。

度阴山曰

给别人出个不算太馊的主意,关键时刻说两句公道话,这些都是善行。很多人的嘴太严,在别人需要帮助时死活都不说句话。有时候,你的一句话就能让人起死回生。见义勇为,不一定要赤膊上阵同罪恶势力短兵相接,你可以用嘴声讨他。唾沫星子足够多,的确可以淹死人。

不过千万别做"键盘侠","键盘侠"看似义愤填膺、仗义执言,其实还不如不长嘴和手,因为有些东西长出来不是让你助纣为虐或血口喷人的。

"回返"法则

原文

反己者，触事皆成药石；尤人者，动念即是戈矛。一以辟众善之路，一以浚诸恶之源，相去霄壤矣。

译文

能自我反省的人，日常接触的事物都能成为修身去恶的良药；常怨天尤人的人，只要念头一动就是伤人害己的利器。前者能开辟善路，后者是恶的源泉，可谓天壤之别。

度阴山曰

我们可以把孟子的"行有不得，反求诸己"称为"回返"法则。它不需要借助任何外物，自己就能完成，堪称最伟大的人生法则之一。当然，它也是古人求助自己的经典案例。我们为何在遇到问题时不向外探究，而要向内循环呢？

其理路是：每个人心中都有个神，这个神就是你自己。你可以通过和自己对话协商，把问题掰开揉碎，将责任归于你自己。最终你会发现，这个世界上没有坏人和笨蛋，如果有，那就是你自己。而当你发现了这个秘密后，你就会有意识地提高自己，从而用反省的力量进化自己的能力。

"回返"法则并非懦弱，而是伶俐。因为最伟大的可以让你无所不能的神就是你自己，不在你心外，所以当我们把问题推给他人、把责任之矛射向别人时，后果是非常可怕的：你永远不会进步，而你的敌人正在与日俱增。

功名富贵是精神气节的前提

原文

事业文章随身销毁,而精神万古如新;功名富贵逐世转移,而气节千载一时。君子信不以彼易此也。

译文

事业和文章会随着人的离世而消失,但其主人的精神却可以万古长存;功名富贵是常有的事,但气节却是千年一遇。君子信奉这个道理,就不应拿精神和气节来换取事业文章、功名富贵。

度阴山曰

当我们读历史上那些伟大人物传记时,我们读的真是他们的丰功伟业和功名富贵吗?按照古人的思维,当然不是。他们之所以把历史看得那么重要,无论太平盛世还是乱世都要记录历史,是因为那些伟大人物身上有超凡的精神和气节。

问题来了:普通人有没有这种精神和气节?当然有!那我们为什么不去读普通人的历史,非要读伟大人物的历史?因为普通人的历史没有记载。为什么没有记载?因为他们没有伟大的事业、文章,也没有富可敌国的财富。

也就是说,若要你的精神和气节为人所知,事业文章和名利富贵必不可少。我们不能做"过河拆桥"的无耻之事:只记住了伟大人物的精神和气节,却忘记了这精神和气节如果没有伟大的事业、功名做基石,根本不会为人所知。

所以，尽情去追求伟大的事业和功名吧。只有先有了这些，才会有人注意你，才会有人学习你，你的精神和气节才能惠及更多的人。

尽量少算计

> 原文

鱼网之设，鸿则罹其中；螳螂之贪，雀又乘其后。机里藏机，变外生变，智巧何足恃哉。

> 译文

设置渔网是为捕鱼，但（晒网时）大雁却撞了进去；螳螂捕捉蝉，却不知黄雀已盯上了它。玄机中有玄机，变化外又生变化，人类的智慧与技巧根本不足以倚仗啊。

> 度阴山曰

人有千算，天只一算。人在天面前就如一根香蕉在猴子面前一样，没有反抗的可能。所以，越是机关算尽，你眼前的机关就越多；越想控制变化，你的人生就越是充满凶险的变化。你做的每一件事都有双眼睛在盯着你。老天在高维度，你在低维度，你当然斗不过老天。按照宿命论，你就像那只螳螂，老天就是黄雀，你根本意识不到黄雀的存在，黄雀则掌控着你的一切。所以，你的全部智慧和技巧毫无用处。

那么，我们该怎么活？答案是：尽量少算计，能不算计就不算计。

对自己真诚

原文

作人无一点真恳的念头，便成个花子，事事皆虚；涉世无一段圆活的机趣，便是个木人，处处有碍。

译文

做人若没有真心实意的念头，那就成了骗人的乞丐，做什么事都不靠谱儿；处世若没一点儿灵活圆通的机智，就是木头人，处处都会遇到障碍。

度阴山曰

做人要真诚，做事要机智。这仍然是做人做事"外圆内方"的老套路。所谓真诚，不仅是对他人真诚，更是对自己真诚。骗人的乞丐和木头人之所以不被人赞赏，是因为失去了对自己的真诚，没有更机智的招数来构造人生，只能靠不真诚的欺骗。

一念发动即是行

原文

有一念而犯鬼神之禁，一言而伤天地之和，一事而酿子孙之祸者，最宜切戒。

译文

有一种念头触犯了鬼神的禁忌，有一句话破坏了人间祥和之气，或者做了件事成为后代子孙的祸根，这些都必须特别加以警惕。

度阴山曰

心学大师王阳明说，一念发动即是行。有人就很奇怪，我有个恶念没有执行，难道也算是行了？其实，当你念头启动时，你已经表态了。

你有了这种态度，它就是你的价值观，你现在不把念头付诸实践，总有一天会行动。记住，态度决定一切。

不能有恶念，不能急功近利，不能冲动，不能破坏祥和之气，不能做坏事而遗祸子孙，其实这些劝告都是给善人的。你的心念善，才能接受这些价值观。而对于那些心中有邪念的人，说破了天，他们也不会相信，更不会践行。这就是为什么"一念发动即是行"。

有种智慧叫"先放一放"

原文

事有急之不白者，宽之或自明，毋躁急以速其忿；人有切之不从者，纵之或自化，毋操切以益其顽。

译文

有些事越着急想弄明白越是糊涂，如果缓一缓或许就明白了，所以遇事千万不能急躁，除了弄不明白外，还会增加情绪上的紧张；世上有些人，别人无法指挥得动他，这时不如由着他，或许他会慢慢觉悟，对这样的人，千万不能操之过急，以免他更加顽抗。

度阴山曰

遇事时，急中未必生智，可能会忙中出错。所以，遇到突如其来的事，第一步就是冷静，第二步是考虑是否能立刻解决，能立刻解决当然最好，倘若不能，分析它的危害程度，倘若危害程度不高，那最好的方式就是先放一放。

有很多事，必须靠时间来解决。靠时间解决，就是放一放。放的久了，自然会大事化小，小事化了了。比如邻居偷了你的鞋子，还揍了你一顿，当时你很生气，可你发现邻居人高马大，动手会吃亏，所以你觉得先放一放，放了十年后，你发现，仇恨不见了。

德行是放大镜

原文

节义傲青云，文章高白雪，若不以德性陶镕之，终为血气之私、技能之末。

译文

即使有傲视高官显爵的气节和高雅的文章，如果不用德性陶冶，那么节操义行就会成为个人的血气之勇，精美的文章也会成为微不足道的末流技能。

度阴山曰

古人认为德行决定一切。任何事物如果没有德行参与，那就不入流。一旦有了德行参加，即使是非常平凡的事物也会变得高大起来。德行不一定能雪中送炭，却绝对能锦上添花。它就是个放大镜。

于是，我们可以说，德行当然要有，但底子、基础、技能更重要。

见好就收

> [原文]

谢事当谢于正盛之时,居身宜居于独后之地,谨德须谨于至微之事,施恩务施于不报之人。

> [译文]

退隐应在事业兴盛之时,处身应处在众人的后面,培养谨慎的德行必须从最小的地方做起,想要帮助别人就应帮助那些无力回报你的人。

> [度阴山曰]

功成身退,这是见好就收;不在人先,这是不冒险;德行要从小处培养而不会感到无趣和劳累;最重要的是,要帮助那些无力回报你的人。为何要帮助无力回报你的人?第一,做好事不求对方回报,老天才会给你更大的回报。如果对方报答了你,那老天就不会再给你回报,所以真正的聪明人,都会希望得到天的回报,而不是得到帮助对象的回报。第二,对方无力回报你,说明他的情况很窘迫。帮助窘迫的人会让对方更加感激你。

做事前先做人

原文

德者事业之基,未有基不固而栋宇坚久者;心者修裔之根,未有根不植而枝叶荣茂者。

译文

人的高尚品德是一生事业的基础,如兴建高楼大厦,地基打得不稳固,就无法建筑既坚固而又耐久的房屋;善心是孕育后代并使其繁荣昌盛的根基,如同植树一般,没有树根,树木就不可能枝繁叶茂。

度阴山曰

事没做好,只能证明一点——人没做好。做事先做人,在中国,做人只是个修养品德。品德越高尚,做的事就越大概率成功。所以才说,人的品德是一生事业的基础。善心是子孙满堂的根基,因为善心未必能感动人,却一定可以感动天,你的子孙其实都是老天给的。

追求道，要随机应变

原文

道是一件公众的物事，当随人而接引；
学是一个寻常的家饭，当随事而警惕。

译文

道理或者真理人人都可追求，应当随着各人的特点、性情来加以引导；做学问好像平常吃饭一样普遍，应该随着事情的变化而保持警惕，及时察觉。

度阴山曰

道理和学问，看似永恒不变，其实未必。追求真理和做学问的路就更多了。你所能认知的事物，都处在不断变化和发展之中。道和学问也是如此。所以凡事不能教条，要懂得随机应变，具体情况具体分析。当然，在具体之上还有抽象，要在各种现象之中，求取事物的特点和性质，厘清表象的背后到底是什么，抽出本质的东西。如此才能在顺应事物变化的同时，更好地驾驭变化。

暖心的人和事，发生在你身上的概率不高

原文

念头宽厚的，如春风煦育，万物遭之而生；
念头忌克的，如朔雪阴凝，万物遭之而死。

译文

宽宏忠厚的人，好比温暖的春风可以化育万物，能给一切具有生命的东西带来生机；胸襟狭隘刻薄的人，好比阴冷凝固的大雪，能给一切具有生命的东西带来死亡。

度阴山曰

如果从温度的角度来对人分类，应该是两类：一类是暖人，一类是冷人。暖人可以化腐朽为神奇，冷人可以化神奇为腐朽。在我们周围，有些人会让你觉得特别温暖，特别舒服，而有些人则会让你感觉没有任何温情。温暖能给人以希望，因为它象征着生机；阴冷则给人以绝望，因为它象征着杀气与死亡。这就是为什么我们特别喜欢那些暖心的人和事，而不喜欢冷血的人和事，因为人喜欢生机，厌恶杀气、死亡。不过，暖心的人和事，大概率不会发生在你身上，发生你身上的事，大概率都是冷血的事。

私欲不可怕，虚伪才可怕

原文

勤者敏于德义，而世人借勤以济其贪；俭者淡于货利，而世人假俭以饰其吝。君子持身之符，反为小人营私之具矣，惜哉。

译文

勤奋的人应努力在品德和义理上下功夫，可有人却仰仗勤奋来解决自己的贫困；简朴的人应该看淡财富，可有人却假借简朴之名来掩饰自己的吝啬。勤奋和简朴本来是君子立身处世的信条，不料却成为市井小人营利徇私的工具，真让人惋惜。

度阴山曰

你勤奋那就勤奋，别到处宣扬自己勤奋，或是想得个勤奋标兵的称号；你简朴就简朴，不要到处宣扬自己简朴，或者是想得个简朴之王的美名。凡是打着美德的幌子要为被人所知的人，一定别有用心。

指鹿为马、声东击西，向来是搞阴谋之人的拿手好戏。比如有些富豪在公共场合总装成一副勤奋简朴的模样，其实背后奢侈无度。这种人最卑鄙，因为私欲不可怕，虚伪才可怕。

可以轻易原谅他人，绝不能轻易原谅自己

原文

人之过误宜恕，而在己则不可恕；
己之困辱宜忍，而在人则不宜忍。

译文

别人的错误和过失应多加宽恕，可自己的过失和错误却不能轻易宽恕；自己受到屈辱应该尽量忍受，可别人受到屈辱就要尽量替他消解。

度阴山曰

他人的错误和过失，如果不是施于你身，那你当然可以无条件地原谅。倘若施于你身，你不能无条件地宽恕，要看他施加在你身上的错误和过失多重。倘若他的过错不可原谅，你选择原谅，那你就是是非不分。大多数人不是圣人，没有看淡所有施之己身的错误和过失的基因。

自己受到屈辱，如果有能力有理由还击，那就当场还击，不必忍受。如果没有能力还击，那就忍辱负重，等可以还击时再还击。别人受到屈辱，要看他是不是自作自受，如果是，那不必管他；如果不是，倘若你有替天行道的能力，该出手时就要出手。

渐变地施恩与施威

原文

恩宜自淡而浓,先浓后淡者,人忘其惠;
威宜自严而宽,先宽后严者,人怨其酷。

译文

向别人施恩,应该一点儿一点儿给予,如果先多后少,人们就会忘记你曾经给他们的恩惠;向人树立威严,适宜于从严厉到宽松,如果先宽松后严厉,人们就会埋怨你的严苛。

度阴山曰

帮助别人本是一件好事。但是,既帮助了别人,又让别人念你的好,并不是件容易的事。因为贪婪和依赖是人的本性,而且很多人在贪婪时根本意识不到自己的问题。所以,帮人时要讲究策略,否则就会吃力不讨好。这跟仁慈与否无关,跟你的智慧和对方的真实需求有关。向别人施以威严时,也有诀窍。先严后宽,别人会因为从长久的压抑中得以喘息而欣喜感激;先宽后严,别人则会因习惯了无拘无束后突然受到管束而埋怨你的严苛。

不论身居何位，都应修身律己

原文

士君子处权门要路，操履要严明，心气要和易，毋少随而近腥膻之党，亦毋过激而犯蜂虿之毒。

译文

士人君子身居政要显位，操守行为要严谨磊落，心思脾气要随和平易。不要依从附和，以至于接近奸邪之人而同流合污；也不要言行激烈，以至于触犯恶毒之人而遭其陷害。

度阴山曰

古时有社会阶层之分，而现在虽无阶层，但依然有不同的职业、不同的群体。人在一个群体中，既要依附这个群体，又要重视严格要求自己、修炼自身这两点。不同的群体之间，虽然有不同的文化，人交往的方式也不尽相同，但守住自身的底线、克己修身、言行合宜，是在任何一个群体中都适用的真理。

感化坏人

原文

遇欺诈的人，以诚心感动之；遇暴戾的人，以和气熏蒸之；遇倾邪私曲的人，以名义节气激砺之；则天下之人无不入我陶镕中矣。

译文

遇到狡猾诈骗之人，用诚心来感动他；遇到性情狂暴的人，用温和的态度来感化他；遇到行为不正、自私自利的人，要用大义气节来激励他。如果能做到这些，天下人都会受到我的美德的感化。

度阴山曰

中国传统文化在对待坏人这件事上主张感化。感化的方法是阴阳相克。比如，你喜欢欺骗，那我就真诚；你性情暴躁，我就温柔；你自私自利，我就大公无私。最后，让被感化的对象主动发现自己的问题，从而改邪归正。

但如果感化不起作用，那只能火化。

与自己和，与万物和

> 原 文

一念慈祥，可以酝酿两间和气；
寸心洁白，可以昭垂百代清芬。

> 译 文

心中存有慈祥的念头，可以形成天地间平和的气息；心地保持纯洁清白，可以留给后世美好的名声。

> 度阴山曰

中国人喜欢"和"。与万物和，与万人和，凡事以和为贵。待人待物以和、以礼，就能妥善处理好人和人之间的各种关系。即使是遇到棘手的问题时，也要注意"和"——拥有一个慈祥的念头和一颗单纯的心。你的心和气了，心生万物，天地间便都和气了，很多困境也就会自然而然地解开。有一点要注意的是，和气和善意都源于你的内心。所以，要想处理好与别人的关系，先要与自己"和"解。

该如何与众不同

原文

阴谋怪习,异行奇能,俱是涉世祸胎。只有一个庸德庸行,便可以完混沌而召和平。

译文

阴谋诡计,怪异的习惯、言行,奇特的技能,这些都是为人处世事招致祸患的根源。平常的德能、寻常的言行,才足以维护生活的和平。

度阴山曰

人都有求变的心理。求变本身不是坏事,因为求变,才有社会的进步和发展。如果完全没有了奇怪的想法,恐怕我们今天出门还要骑马呢!但是,从骑马到开轿车,不是一步到位的,中间至少还有个马车。这背后的意思是,可以求变,但不能天马行空地乱变,新事物一定从旧事物中来。从心境修炼来讲,这一点更容易理解:人要修身养性,要循序渐进,不能过于激进。就像减肥,不能从一天四顿减到绝食,这非把身体搞垮不可。

耐性就是能屈能伸

原文

语云:"登山耐险路,踏雪耐危桥。"一"耐"字极有意味。如倾险之人情,坎坷之世道,若不得一"耐"字撑持过去,几何不堕入榛莽坑堑哉?

译文

俗话说:"登山要耐得住山的险径,走雪路时要耐得起过桥的危险。"一个"耐"字,意味深长!这就如同身处人情险恶、道路崎岖的社会环境中一样,如果不用一个"耐"字坚持下去,怎能不堕入全是荆棘的深沟里呢?

度阴山曰

人生的路上,有坦途也有坎坷。走在坦途时,要提醒自己前面可能就是险境。遇险境时要告诉自己,只要走过去,前面必然是坦途。"耐"字说的是一种韧性,而能生出"耐"的,则是心性。所以,要想耐得住、耐得过,关键在于修心。事实上,我们完全没有必要把自己置于痛苦和磨砺之中,如果能迂回过去,根本没有必要考验自己的耐力。但如果事已至此,也别害怕,去考验一下自己吧。毕竟,梅花香自苦寒来!

心内之物更重要

原文

夸逞功业，炫耀文章，皆是靠外物做人。不知心体莹然，本来不失，即无寸功只字，亦自有堂堂正正做人处。

译文

靠自己事业做得出色、文章写得好而到处炫耀，其实依靠的是外在的东西。不如立身端正，内心一股坦荡正气，即使最普通的一个人，也可以活得堂堂正正、毫不心虚。

度阴山曰

古人有一个偏好：能力不如品德。做事做得好不如做人做得好。当然这也有它的道理：能力向外施展，品德向内收缩。重收缩而轻施展，是中国传统思想的特质。能从别人那里学到的就是心外之物，只能靠自己修出来的就是心内之物。文章是心外之物，品德是心内之物。

不要违背自己的良心

原文

不昧己心，不拂人情，不竭物力，三者可以为天地立心，为生民立命，为子孙造福。

译文

做人处世，不违背自己的良心，不做绝情绝义的事，不浪费物资财力，做到这三点就可以为天地树立善良的心性，为万民创造命脉，为子子孙孙造福。

度阴山曰

为天地立心，听上去很难，其实不难。因为天地的心就是我们的心，把我们的心立住，天地的心也就立住了。为天地立心，主要是"三板斧"：良心、同情、节俭。

有些道理真的很难做到

原文

居官有二语曰:"惟公则生明,惟廉则生威。"居家有二语曰:"惟恕则情平,惟俭则用足。"

译文

关于做官有两句话:"只有公正才能清明,只有廉洁才能威严。"关于治家,也有两句话需记住:"只有宽恕平和才能让家庭和睦安乐,只有节俭才能让家庭富足。"

度阴山曰

做官的关键是"公""廉"二字;在中国做家长,关键是"恕""俭"二字。但几千年来,做官的能做到这两个字的少之又少,做家长的节俭容易,宽恕却难。多少家庭纠纷和惨案其实都是因没有宽恕。

很多大道理就是这样,说起来容易做起来难。因为说,不需要负责(比如贪官污吏永远都在讲公正、廉洁),但做,却要付出代价。一个官员真想做到廉洁,难度非常大;一个家长要做到宽容,更是难上加难。

相互理解不是件易事

> 原文

处富贵之地,要知贫贱的痛痒;
当少壮之时,须念衰老的辛酸。

> 译文

生活在富贵中,要知道贫穷的艰难;年轻力壮时,要想到年老体衰后的辛酸。

> 度阴山曰

晋惠帝有句名言:"何不食肉糜?"这说明有些富贵之人,不是不想理解贫穷,而是他们的认知里根本就没有贫穷。人不可能超越自己的认知去认识问题。所以要让富贵之人理解贫贱、少壮之人理解衰老,都不是件容易的事。除非这富贵之人曾经贫贱过,除非这少壮之人经常与老人生活在一起。生活中,"晋惠帝"有很多,但也不能全怪他们。你若想让谁真正理解什么,最好的办法也不是说教和讲道理,而是让他身临其境。

不必过于认真

原文

持身不可太皎洁，一切污辱垢秽要茹纳的；
与人不可太分明，一切善恶贤愚要包容的。

译文

立身持节不可过于清高，一切污浊、屈辱、尘垢、秽恶之物，都要能够容纳；与人交往不可过于是非分明，一切善良、丑恶、贤能、愚拙之人，都要能够包容。

度阴山曰

古人常讲，太清的水，不会有鱼；太认真的人，不会有朋友。比如立身，固然要清洁，可过度认真清洁就成了清高。与人交往中，也是如此，只要大原则不变，其他小问题都完全可以秉承"差不多就行了"信条。郑板桥说难得糊涂，糊涂之所以难得，就因为有些人爱较真，不懂"差不多"才是人生智囊中最宝贵的内容。

过于认真，伤害的不仅仅是对方，还有你自己。

恶人自有恶人磨，万一没有呢

原文

休与小人仇雠，小人自有对头；
休向君子谄媚，君子原无私惠。

译文

不要和小人结仇，因为小人自有小人的对手；不要对正人君子献殷勤，因为君子是不会为私情而予人恩惠的。

度阴山曰

不要和小人结怨成仇，因为自有另外的小人会惩治他。可在现实中，小人往往掌握着一种特殊的技能，他们总是能分辨出哪些是好欺负的好人，哪些是难惹的小人。中国人总不去招惹恶人，希望恶人自有恶人磨，可万一没有恶人站出来磨恶人，好人只好受欺负。久而久之，就没有人愿意见义勇为了，这不是行走人间的态度。

不对正人君子献殷勤，这是对的。因为如果你的事是正事，那君子一定会给你办理；如果你的事是偷奸耍滑的坏事，君子肯定不会理你。君子如同一面镜子：你善他就善，你恶他就恶。

胖子，不是一口吃成的

原文

磨砺当如百炼之金，急就者，非邃养。
施为宜似千钧之弩，轻发者，无宏功。

译文

磨炼身心要如炼钢一样反复陶冶，迫切希望成功的人不会有高深的修养；做事应像拉开千钧的大弓一样，随便发射不会收到好的效果。

度阴山曰

如果你做了一件事，小人来赞赏你，这件事一定不是好事；如果你做了一件事，君子来训斥你，这件事也一定不是好事。其实好事还是坏事，每个人都心知肚明，君子或小人都不在我们心外，而在我们心里。我们每个人心中都有小人和君子，你是让君子站出来还是让小人站出来，并不取决于君子或小人，而取决于你自己的良心。

与大势携手并进,而不是和它较劲

原文

建功立业者,多圆融之士;偾事失机者,必执拗之人。

译文

建立大功业的人,多是能灵活应变的人;凡是惹是生非、遇事坐失良机的人,必然是那些性格倔强而不肯接受他人意见的人。

度阴山曰

灵活应变的人有个特点,就是能敏锐的捕捉到大势所向,并且全身心的投入其中与大势携手并行。而那些在大潮中坐失良机的人,则是自以为是,固步自封,和大势较劲的人。

人类历史的波峰往往由前一种人创造,而人类历史的波谷也由这种人创造。那些自以为是、和大势较劲的人,不能创造任何历史,只能被前一种人玩弄于鼓掌之上。

人生的关键就是掌握度

原文

俭,美德也,过则为悭吝,为鄙啬,反伤雅道;让,懿行也,过则为足恭,为曲礼,多出机心。

译文

节俭本是美德,过分节俭就是小气,就会变成为富不仁的守财奴,如此反有伤节俭的正道;谦让本是美德,太过分就会变得卑躬屈膝,处处讨好人,给人一种好用心机的感觉。

度阴山曰

人生的关键就是个度,度掌握不好,好事也成了坏事。所以人们在任何事上都主张适量:饮酒适量能养生,吃饭适量能长寿,运动适量可预防猝死。

节俭、谦让就如同跑步。跑步本来是件好事,可你玩命跑,就很有可能变成坏事。节俭不适量就成了小气,谦让不适量就成了卑躬屈膝的小人。这真是应了那句话:道理固然客观存在,但遵循它的人遵循的量不同,道理就可能变成邪门歪道。所以说,人心决定一切,包括那些美好的大道理。

人生四大法则

原文

毋忧拂意，毋喜快心，毋恃久安，毋惮初难。

译文

不要为不如意的事而发愁，不要为称心的事而兴奋，不要由于长久的安居而以此为依赖，不要由于一件事开始有困难就畏缩不前。

度阴山曰

事与愿违才是人生，称心如意是人生的异数。因此当事与愿违时不用忧愁，如果忧愁，那整个人生都是灰暗的；称心如意时也不用兴奋，如果兴奋，那你很快会乐极生悲。长久的安居也不是人生常态，人生是动态的，所以不要长时间待在舒适区，否则它会成为你的泥潭。最重要的人生法则是：万事开头难。如果一件事开头非常顺利，那一定不是好事，凡是好事，开头都有难度。相信这一点，你就不会畏缩不前了。

低调务实是人生的大智慧

原文

饮宴之乐多,不是好人家;声华之习胜,不是好士子;名位之念重,不是好臣工。

译文

经常饮酒摆宴席、吃喝玩乐的人家,不是好人家;喜欢美好声誉的人,不是合格的读书人;对名利和地位看得太重的官,不是好官。

度阴山曰

古人有一种特有的人生智慧:低调务实。所以,经常请客吃饭的人家如果特别高调,他们就不是好人家;喜欢美好声誉是务虚,读书就是读书,不要和名声扯在一起;对名利和地位看得过重的官更是不务实,做官就是要为人民服务,其他的,想都不要想。

由此可知,人只要真的低调务实了,那就离圣人没有多少距离了。

心宽福气长

原文

仁人心地宽舒,便福厚而庆长,事事成个宽舒气象;
鄙夫念头迫促,便禄薄而泽短,事事得个迫促规模。

译文

心地仁慈的人,由于胸怀宽广,所以能享受厚福而且长久,形成事事都有个宽宏气度的样子;心胸狭窄的人,由于眼光短浅、思维狭隘,所得到的利禄都是短暂的,所以落得只顾眼前而临事紧迫的局面。

度阴山曰

俗话说:"傻人有傻福。"傻人没心没肺,从来不想那么多,所以没有多少烦恼。确切地说,傻人有的不是傻福,而是最精明的福气。很多胸怀宽广的人,正是看明白了这一点,于是把自己变得更加宽宏。而心胸狭窄的人,处处计较,处处和别人作对,和自己纠结。当他们遇到事时,远不如那些傻人能平心静气地应对。

知而不行，只是未知

原文

用人不宜刻，刻则思效者去；
交友不宜滥，滥则贡谀者来。

译文

用人不能太刻薄，倘若刻薄寡恩，本想为你效力的人就会离你而去；交友要谨慎，不可滥交，否则阿谀奉承的人就会蜂拥而来。

度阴山曰

大道理谁都知道，但真做到的却没几个。谁都知对下属不能刻薄寡恩，可有几人能做到？谁都知交友要交两肋插刀的，可有几人能为朋友两肋插刀？许多人最大的问题就是，看得比谁都明白，可因为知而不行，所以最终活得比谁都差！

懂得畏惧，才是人

原文

大人不可不畏，畏大人则无放逸之心；
小民亦不可不畏，畏小民则无豪横之名。

译文

对在高位的人不能没有敬畏心，能敬畏他们才不会有放纵自己的想法；对平民百姓也不能没有敬畏心，能敬畏他们才不会有蛮横的坏名声。

度阴山曰

如果你恐惧太平时期的法律，那你将在法律范围内从心所欲；如果你恐惧你的良知，那你将在良知范围内无所畏惧。

法律的制造者在高位，你恐惧高位的人就等于在恐惧法律；对百姓的敬畏心是良知，你恐惧这一良知，就等于在恐惧百姓。能恐惧百姓，才能为百姓服务。懂得畏惧、敬畏，才能让自己向"人"的方面进展。肆无忌惮的东西，空有人形罢了。

活顺心的智慧：比上不足，比下有余

原文

事稍拂逆，便思不如我的人，则怨尤自消；
心稍怠荒，便思胜似我的人，则精神自奋。

译文

遇事如有不如意，就想想那些不如自己的人，抱怨自然消失；心中稍有懒散，就想想那些比自己强的人，精神自然会振作起来。

度阴山曰

"比上不足，比下有余"是中国传统修行中的利器之一：当你遇事不如意时，你就比"下"，于是心满意足；当你懒散时，你就比"上"，于是立即奋发。然而很多人常常比反：遇到不如意的事时，比"上"，越比越郁闷，能活活把自己气死；懒散时，比"下"，越比越懒散，最后可能活活把自己饿死。

"比上不足，比下有余"不是让自己出类拔萃的智慧，但它绝对是让自己活的比较顺心的智慧。

人性的四大弱点

原文

不可乘喜而轻诺,不可因醉而生嗔,不可乘快而多事,不可因倦而鲜终。

译文

不可趁高兴就许诺,不能借酒撒泼,更不能人生得意就张牙舞爪,最不可觉得辛苦就半途而废。

度阴山曰

一高兴就乱许诺,一醉酒就闹事,一生快意就生出乱七八糟的胆子来,一觉得辛苦就半途而废,这些都是人性的弱点。老天为何要给人类这样的弱点?这些弱点可能正是老天对我们的考验。人修行,其实就是修理这些弱点。修理了弱点,不让它冒泡,你的身上就全是优点了。这样,你离圣人的境界就近了一步。

多一事，不如少一事

原文

钓水，逸事也，尚持生杀之柄；弈棋，清戏也，且动战争之心。可见喜事不如省事之为适，多能不如无能之全真。

译文

垂钓本是一件高雅的事，但钓鱼者却手握鱼的生死；下棋本是一种纯粹高雅的游戏，但却有着争强好胜的战争心理。可见多大的好事都不如无事那样舒服，多才远不如无才那样能保全纯真的本性。

度阴山曰

我将其命名为"多一事不如少一事"理论：人只要生出事来，哪怕是好事，都不如不生事。不生事不是不做事，而是不争斗。不争斗就没有生杀大权，以及荣辱、输赢这些折磨人的虚名，人只有在心中不存这些虚名时，才有纯真的本性。

我们对"多少""有无"的印象非常深刻，简单而言就是，多不如少，有不如无。这是一种主动收缩、拒绝扩张的性格特色，最符合古人的本性。

心静以见"不可见"

原文

听静夜之钟声,唤醒梦中之梦;
观澄潭之月影,窥见身外之身。

译文

聆听静夜的钟声,可以唤醒虚幻的梦境;静观清澈潭水中的月影,可以看到肉身之外真实的自我。

度阴山曰

静夜的钟声之所以能唤醒梦,是因为你听到了这钟声。如果你心乱如麻,夜再静也是吵的,钟声也就不会清晰了。身外之身,说的是人的本体,也就是那颗不为人知,也未必为自己所知的心。肉身在外,显而易见,所以人们喜欢减肥、打扮,也常常在忙碌中找不到自己。其实,身外之身每时每刻都在陪伴你,只是你经常不听它说的话而已。

想象力创造世界

原文

鸟语虫声，总是传心之诀；花英草色，无非见道之文。学者要天机清彻，胸次玲珑，触物皆有会心处。

译文

鸟叫和虫声都是它们表达感情的方式，花的艳丽和草的青葱都是用自己的颜色在阐述道理。学者要心中有光，眼中有广阔世界，接触万物时才能心领神会，获取到大自然的真谛。

度阴山曰

想象力是改变世界的最强大力量。当人缺乏想象力时，自己是自己，世界是世界，完全割裂，无法获取天人合一之乐。

而当人抱着想象力看世界时，就会惊奇地发现，原来万物是一体的，你在这里打个喷嚏，有人就会感冒。鸟叫和虫鸣，花草的生长本来是它们自然而然的事，可经过你想象力的干预后，你发现鸟叫是它们正在聊天，虫鸣是它们正在谈日月乾坤，花草是在用自己为世界增添色彩。当你想到这里时，整个世界都活泛起来。

你不知道的是，世界是客观存在的，可因为人的想象力不同，世界在每个人心中、眼中的样子自然就不同。每个人都有个区别于客观世界的新世界，创造它的就是你的心、你的想象力。

房子是有字书，安全感是无字书

原文

人解读有字书，不解读无字书；知弹有弦琴，不知弹无弦琴。以迹用不以神用，何以得琴书佳趣？

译文

人们只懂得读有文字的书，却不知应读没有文字的书；只懂得弹有琴弦的琴，却不懂得弹没有琴弦的琴。倘若只拘泥于对事物外形的理解和运用，不能对其神韵心领神会，就不可能懂得琴与书中蕴含的真正情趣。

度阴山曰

读书不只是识字，还要懂得沉思，沉思的是自己的内心，和书上的字无关，这就叫无字书；弹琴并非仅仅练技巧，重要的是能沉浸在乐声中享受一种脱俗的情趣，这就是无弦琴。

其实把无字书和无弦琴这套外衣剥掉，我们看到的无非就是精神享受要比技术享受高得多、舒服得多。举例说，房子是有字书，安全感则是无字书，人可以买来房子，却买不来安全感。美女是有字书，爱情则是无字书，人可以拥有美女，但未必能拥有爱情。

人什么都不是，就是最大意义

原文

山河大地尚属微尘，而况尘中之尘！血肉身躯且归泡影，而况影外之影！非上上智，无了了心。

译文

山河大地与宇宙相比，不过一粒微尘，而人不过是微尘中的微尘；人的身体的存在与无限的时间相比，就如一个泡影那么短暂，而功名富贵只是泡影外的泡影！所以说，没有绝顶智慧，就无法得到人生正法。

度阴山曰

"人生正法"就是，作为人类，你什么都不是。如果是这样，那我们活着还有什么意义？如果是这样，那我们整个人类的存在又有什么意义？况且，为什么活着一定要有意义？什么都不是，是否是最大的意义？！

如果我们一旦陷入关于意义的自我怀疑，很容易走入虚无主义陷阱。你要明白人类活着并不是为了追寻所谓的意义，一花一叶，一言一语，它们能否使你愉悦？如果能，那就是人生的意义，自然也是人生正法。

人劝人，劝不醒；事教人，立即会

原文

石火光中，争长竞短，几何光阴？
蜗牛角上，较雌论雄，许大世界？

译文

人生如同击打石头发出的火光转瞬即逝，在这短暂时光中还争名夺利，能剩多少光阴？人类在宇宙中所占的空间就如蜗牛角那么小，在如此狭小的地方争强斗胜，究竟有多大意义呢？

度阴山曰

只有老人才能对人生短暂这个现实有深刻了解，所以人到晚年，对功名利禄、争强斗狠全能看淡放下。可年轻人对人生短暂毫无感觉，他们总认为人生漫长，有太多时间去争名夺利，有太多光阴去争强好胜。

我们无法对没有经历人生短暂的人晓之以理，人劝人，劝不醒；事教人，立即会。所以，给对方说几万遍大道理，不如让他去经历一下。后者比前者的疗效能高出万倍。

拒绝法、拒绝空、拒绝黄赌毒

原文

有浮云富贵之风,而不必岩栖穴处;无膏肓泉石之癖,而常自醉酒耽诗。兢逐听人而不嫌尽醉,恬澹适己而不夸独醒,此释氏所谓不为法缠、不为空缠,身心两自在者。

译文

有视富贵如浮云的风范,就没必要再去洞中怡养心性;没有酷爱山石清泉的"病情",不必附庸风雅,即使作诗饮酒而陷于狂醉,也是徒有放浪形骸之名。他人争夺名利和我无关,我不必因为别人醉心名利就嫌弃他;保持恬静淡泊的心性是为了顺应自己的个性,所以不必向他人夸耀自己"世人皆醉我独醒"的清高。这就是佛所谓的"不为大道理所蒙蔽,也不被虚无所蒙蔽",能做到这点,就是身心悠然之人。

度阴山曰

"不为法缠、不为空缠"即是人生最高境。

"不为法缠"就是,一切大道理都应为自己的心性服务,不为自己心性服务的大道理都可以扔掉。比如"世人皆醉我独醒"的大道理,如果它不是因为你的淡泊心性而存在,而是你故意做出或者是欲让人知的,这就不是为心性服务,可以抛弃。

"不为空缠"就是,一切你不遵从的道理都是虚无,被虚无缠绕就是被你只说不做的大道理所缠绕。世界上有很多大道理,比黄赌毒还要可怕,要有分辨的能力和断然拒绝的意志。

心体相对论

> 原文

延促由于一念,宽窄系之寸心。故机闲者一日遥于千古,意宽者斗室广于两间。

> 译文

时间长短是出于人的心理感受,空间宽窄则基于人心中的意念。因此能把握时机忙中偷闲的人,他的一天比一千年要长;意境高超而心胸旷达的人,即使在一间小房中,也犹如身处广阔的天地间。

> 度阴山曰

我将其命名为"心体相对论":我们的心可以控制宇宙(时间和空间)。但这种控制是无意识的,由心本身控制。比如,当我们心中思念一个人时,会觉得度日如年;当我们遇到特别开心的事时,时间就稍纵即逝;当我们和最爱的人在一起时,再小的空间也感觉广大;当我们被人追击而心生恐惧时,天下再大好像也没有我们的立锥之地。

我们的心当然可以控制宇宙,而一旦心控制宇宙,心就不受我们控制了。我们只能活在自己的心所创造的宇宙里。因此,你想要个什么样的宇宙,不要去心外求,而要在心内求,求你的心,让它更光明、更强大,你的宇宙也就更高远、更恒久。

你，是一切问题的答案

> 【原文】

都来眼前事，知足者仙境，不知足者凡境；
总出世上因，善用者生机，不善用者杀机。

> 【译文】

面对现实时，知足者会觉得生活在仙境中，不满足的人则觉得俗不可耐；总结世上事物的原因，善运作的人能看到机会，不善运作的人则让自己陷入危机。

> 【度阴山曰】

情人眼里出西施，一个并不漂亮的女子，在情人眼中就是西施般的女神，这就是"心外无理"。它讲的是，事物是客观存在的，但它的理却不在它身上，而在观察者的心里。所以，心外的事物上没有理，理都在心内，是谓心外无理。

比如同一个客观存在的现实事物，别人看就很满意，你看就特别不满意。归根结底，满意的理不在现实上，而在每个人的心里。同样，任何一件事都有原因，你以为原因在事物上？不，它在你心中。

决定一件事成败的，无非是你心中有没有这件事的理。所以，当你失败时，别抱怨事情，埋怨你自己吧，你才是一切问题的答案。

见不得别人好，是种什么体验

原文

趋炎附势之祸，甚惨亦甚速；
栖恬守逸之味，最淡亦最长。

译文

趋奉、依附得势当权的人，所带来的灾祸最惨烈，也最迅速；坚守恬淡安逸的生活，其滋味最平淡，但也最久长。

度阴山曰

见不得别人好，是人类的品质之一。比如权势熏天、风光八面的那些人，太多人希望他倒霉。每天都希望别人倒霉的人，是一种什么体验？只有这种人才知道。而那些身处基层，吃不到香喝不到辣的人，则用阿Q精神安慰自己说，平淡才是真。

当然，喜欢看别人倒霉，还有另外的深言大意。老子说："反者，道之动。"意思是，任何事物都会走向它自己的反面。正午的太阳会下落；黑暗越深，离光明越近。那么，由此推论，当事业如烈火烹油时，就离失败近了一步；当感情最浓烈时，离感情破裂也就不远了；当权势达到顶峰时，就该走下坡路了。

这是中华民族发明的最伟大理论之一，当我们处于黑暗时会抱有光明到来的信心，当我们处于高光时又会居安思危。若能妥善遵循这一理论，我们将永远立于不败之地。

以病治病，病才痊愈得快

原文

色欲火炽，而一念及病时，便兴似寒灰；名利饴甘，而一想到死地，便味如咀蜡。故人常忧死虑病，亦可消幻业而长道心。

译文

色欲之火难以熄灭时，想到得病时的痛苦，兴趣便索然无味；功名利禄如蜂蜜般甘美，可一想到人死后万事成空，便觉得追求它们实在无趣味。所以，一个人如果能经常想到疾病和死亡，也是消除罪恶之念而增长德业之心的一种方法。

度阴山曰

一场大病，可以让人三观尽毁。人只在面对死亡时，才会审视自己的人生。这种审视，其实是在潜意识中把所有的经历和死亡、重病进行了对比。对比的结果是，什么色情美食、功名利禄，毫无意思。人生除了生死，其他都是浮云。什么艰难困苦，是非成败，和生死一比，不堪一提。

我将其称为"病治病法则"：第一个病是真的病，第二个病是你的欲望。用大病治疗你的欲望，前提是，你生大病要活下来。只有那些能从真的病中活下来的人，才有资格治疗欲望之病。

能争必须争，没能力争才退

> 原文

争先的径路窄，退后一步自宽平一步；
浓艳的滋味短，清淡一分自悠长一分。

> 译文

倘若大家都争先向前，路就会显得窄小，此时后退一步则路径就宽一步；浓艳的滋味不会长，清淡一分就能够悠长久远一分。

> 度阴山曰

苍蝇聚众的地方肯定有屎，小狗围拢的地方一定有骨头。大家都争先向前，说明这条路尽头有好事。如果有争的力量，当然要去争。有能力争却放弃，这是脑子进水。

如果没有资本去争，那就后退一步。后退一步不是让你的竞争者觉得路宽广了，而是让你自己重新寻找另一条更宽广的路。退一步，海阔天空，不是别人的海阔天空，而是你自己的海阔天空。

找到人生的暂停键

原文

隐逸林中无荣辱,道义路上泯炎凉。进步处便思退步,庶免触藩之祸。着手时先图放手,才脱骑虎之危。

译文

隐居的人是没有荣华或耻辱的。坚持道义的人眼中也无所谓人情冷暖。事业正飞黄腾达时,就要想着怎么抽身隐退,以免将来如山羊的角困在篱笆里一样。当你开始某件事时,要先策划在什么情况下停手,将来才不至于像骑在老虎身上一般,无法控制而出现危机。

度阴山曰

每个人的人生中都需要一次甚至多次暂停,否则就会脱离人生轨道。人人都知道人生中有个暂停键,可很少有人知道它在什么位置。或者是,有人知道位置,却不想按。因为这个位置正好是人生最高潮的地方。我们常常讲功成身退,功成就是暂停键所在。

很多时候,你以为中国文化中的"功成身退"很不讲理,艰难困苦中才立下大功,正要享受时,却让我身退。这是典型的卸磨杀驴啊。若换个角度想,暂停键只是暂时停止,你身退后还有更好的事等着你,比如重新开启一段征程,比如休假。所以暂停键不是结束键,只是你人生某一时段的片刻休息。

求而不得，怎能不苦

原文

贪得者，分金恨不得玉，封公怨不授侯，权豪自甘乞丐；知足者，藜羹旨于膏粱，布袍暖于狐貉，编民不让王公。

译文

一个贪得无厌的人，得了金银会怨恨没有得到美玉，授封王公贵族会怨恨没有授封侯爵，这种人，虽身为权贵富豪却依然有着乞丐的思维；一个知足的人，就算吃粗茶淡饭也胜过珍馐美味，虽身着布衣也觉得比狐裘还要暖和，这样的人，虽然是平民百姓，却活得比王公贵族幸福。

度阴山曰

不知足的人常会不开心，因为心有所求但求而不得。人为什么会求而不得呢？原因有两个，一个是你所追求的财富、地位，都是向外求。越是向外求，你就越被动。所以越来越多的人喜欢明代思想家王阳明的"向内求"。另一个是你所求的，可能是你能力以外的东西。在能力之外，自然就难求得。人的欲望有很多，我们没有必要做苦行僧，视金钱、地位等如粪土，那样太虚假。但是，在实现欲望时，应量力而行，更不能无所不用其极。

维持常态要比改变常态省力

原文

矜名不若逃名趣,练事何如省事闲。孤云出岫,去留一无所系;朗镜悬空,静躁两不相干。

译文

与其夸耀自己的名声,不如高明地逃避自己的名声;与其潜心钻研事物,倒不如无为来得更安闲。浮云从群山中飘起,毫无牵挂地飞向天空;皎洁的明月如同一面镜子挂在空中,人间的宁静和喧嚣与之毫无关联。

度阴山曰

在中国古代思想中,露不如藏,有为不如无为。浮云是半遮半掩地藏,明月是在没有任何外力推动下慢慢上升,这就是无为。可总有人上蹿下跳,唯恐有人不知道他的存在,但热闹过后,是一片死寂。人本身就是孤独的,热闹是一时的,孤独才是常态。如果它是常态,那不如接受它。很多时候,维持常态要比改变常态省力很多。

把美女想象成怪物

原文

山林是胜地,一营恋便成市朝;书画是雅事,一贪痴便成商贾。盖心无染著,欲境是仙都;心有系牵,乐境成悲地。

译文

山林是个好地方,但若有了贪恋杂念,也就成了闹市;追求书画本是高雅的,但若贪求痴恋就成了商贾。所以,只要心不受染,即使身处物欲横流的环境,也能感觉是在仙境;而心若有贪恋牵挂,即使身处乐土也感觉是在苦海。

度阴山曰

你的心是什么样子,你眼中的世界、你眼中的人就是什么样子。你的心是美的,世界就是美的。心念正而不邪,你就知道何时该适可而止。

环境对人的影响到底有多大

原文

时当喧杂,则平日所记忆者皆漫然忘去;境在清宁,则夙昔所遗忘者又恍尔现前。可见静躁稍分,昏明顿异也。

译文

身处嘈杂的环境,平时所记忆的事情都会淡忘;而环境清静时,本来已经遗忘的东西又浮现在脑海。可见安静和浮躁,会导致清醒和昏乱两种迥然不同的结果。

度阴山曰

通常情况下,环境造就人。四川人多数爱吃辣椒,内蒙古人多数爱吃羊肉。但是,四川人也有不喜辣的,内蒙古人也有不吃羊肉的。这说明,环境影响不了所有人。人的确脱离不了环境,也或多或少地会受到环境的影响。但是,真正的高人与普通人的区别,就在于他如果改变不了现有环境,就让境随心转,不被环境左右。安静与浮躁,全在自己。

找一种存养心灵的方式

原文

芦花被下卧雪眠云,保全得一窝夜气;
竹叶杯中吟风弄月,躲离了万丈红尘。

译文

躺在芦花絮成的被子里,仿佛卧在洁白的雪片或在云朵上安眠,能保持住夜晚的清凉之气;品尝竹叶香茶、吟诗作赋,可以远离喧嚣的凡尘。

度阴山曰

夜晚的清凉之气有什么可留存的呢?这是因为"夜气"虽被直译为夜晚的清凉气,但其实含义远比这深刻得多。孟子说,人如果不存夜气,离禽兽就不远了。王阳明说,良知若发于夜气,也就没有物欲杂念了。其实,不论是夜气还是香茶,说的都是我们保持心灵纯净的一种方式。不论是芦花被、喝茶、吟诗,还是其他,每个人都可以找到一种适合自己的、能够存养心灵的方式,以获得清净。

骑驴找驴最愚蠢

原文

出世之道,即在涉世中,不必绝人以逃世;了心之功即在尽心内,不必绝欲以灰心。

译文

出世的道理,全在入世中,所以不必远离人群搞独居。圆满修心的方法只在尽心尽力办好当下的事情中,不必断绝一切欲望,使自己心如死灰。

度阴山曰

我们很多时候都在做骑驴找驴这样的蠢事,东西就在自己身上,却非要到别处去找,结果在别处没有找到,连自己身上的东西也丢了。

很多入世的人想出世,就是骑驴找驴。为什么说出世的道理全在入世中呢?因为大多数人出世的目的都是将来更好地入世,不在世上磨炼,非要离世而修行在世的大道,这就是愚蠢。驴就在你胯下,好好地骑它、爱护它,何必再去远方找你胯下的东西呢?!

修心的方法不在静坐,不在心如死灰,而在尽心尽力做好当下每件事,全心全意对待你的欲望,这就是最完美的修心。修心是动态的,是现实的,是当下的,不是静态的,不是心如死灰的,不是沉浸在另外一个心灵世界的。

人对是非得失敏感，才叫人

原文

此身常放在闲处，荣辱得失，谁能差遣我？
此心常安在静中，是非利害，谁能瞒昧我？

译文

自己常在闲适环境中，世间荣辱得失怎能左右我；让自己的心境安宁平静，世间的利害关系如何能隐瞒玩弄我？

度阴山曰

当你特别想要一种东西时，这种东西就会和你建立联系，随之控制你、玩弄你、摆布你；而当你对某样东西毫无感觉、不屑一顾时，这种东西就如空气般，虽在你身边游荡，却无法很你建立感应，大路朝天，各走各的。

于是，要想活得身心自由，就必须摆脱这种吸引力：只要身体闲适，就不琢磨荣耀，那么荣辱就吸引不了你；只要心不贪，那利害得失就控制不了你。

当你不理它们时，它们就不会理你。它们不理你，你才能成为自由的自己。然而要做到这点，除非是枯木死灰和神佛。普通人对是非得失的反应，一定是敏感而迅疾的。不这样，就不配是普通人。

"佛系"的人,最难对付

原文

我不希荣,何忧乎利禄之香饵;
我不竞进,何畏乎仕宦之危机。

译文

我不渴望荣誉,就不担心名利和俸禄的诱惑;我不与别人争抢,就不恐惧官场上的各种危机。

度阴山曰

桀骜不驯的人容易对付,如果硬的不行可以来软的。总之,桀骜不驯的人都有欲望,找到他的欲望点,就很容易解决。最难对付的是"佛系"之人,无欲无求,你根本不知道拿什么激励他、诱惑他。所以中国人才说,无欲则刚。没有欲望的人,一定是最刚强的。

不要鄙视财富和地位

原文

多藏厚亡,故知富不如贫之无虑;高步疾颠,故知贵不如贱之常安。

译文

财富聚敛得越多,将来的损失就越大,所以富有的人不如贫穷的人那样无忧无虑;地位越高,将来摔得就越惨,所以尊贵的人不如卑贱的人能够长保平安。

度阴山曰

中国古代社会始终充斥着"酸葡萄心理",书写人生智慧的人都是假装对荣华富贵和显赫地位不屑一顾的人。他们一面极力讽刺和诅咒富人、高位者,一面希望子孙能获取财富和高位,光宗耀祖。

人类历史上因聚敛财富而死的人很多,但因为贫穷而死的人更多,多出几百万倍;因爬上高位而不得好死的人也有,但在底层受压迫而死的人比世界上所有的驴的毛还多。

不要鄙视财富和高位,最有良知的知识分子应该想办法让贫穷的人和底层的人提高财富和地位,而不是总指控财富和地位是凶手,这太虚伪,又毫无作用。

"无我"不是我死了,而是我和万物一体

原文

世上只缘认得"我"字太真,故多种种嗜好、种种烦恼。前人云:"不复知有我,安知物为贵。"又云:"知身不是我,烦恼更何侵?"真破的之言也。

译文

世人因把"我"字看得太重,所以才会有那么多的嗜好和苦恼。古人说:"不复知有我,安知物为贵?"又说:"知身不是我,烦恼更何侵?"这真是一针见血啊。

度阴山曰

人生所有的欢乐和痛苦全在于有"我"。"我"是一切,因为有"我",才有了所见所闻、所知所感。天地万物、七情六欲都倚靠着"我"存在。"我"越强大,外物的力量就越强大。比如所有的功名富贵,都是"我"要才来,所有的七情六欲也是因为"我"要才得。如果没有了"我",那功名富贵、七情六欲就不复存在。

"无我"不是让自己消失,而是把"我"藏在天地万物中,使"我"和天地万物浑然一体,就像一块黑炭掉进煤球堆,分不清我,也分不清万物。

当我在万物中时,我和万物即一体,我对万物就没有了争取心,没有了拥有心,所以我没有失去的烦恼,也没有渴求的烦恼。我视万物为同一物,自然不会偏爱某种物,不偏爱就不会有

分别，自然无烦恼。

"无我"虽然没有和物脱离，却把自己和物交融，我就是物，物就是我，如果大家都是我好他也好，那就会吃嘛嘛香，也就没有烦恼。

过于执着自己,是病入膏肓

原文

人情世态,倏忽万端,不宜认得太真。尧夫云:"昔日所云我,今朝却是伊;不知今日我,又属后来谁?"人常作是观,便可解却胸冒矣。

译文

人情冷暖,世态炎凉,变幻万端,对这些不要过于认真。邵雍曾说:"昔日所云我,今朝却是伊;不知今日我,又属后来谁?"假如能有这种认识,那就可以解脱胸中的牵挂了。

度阴山曰

从某种意义上来说,一天后的你和现在的你,已不是一个人。

昨天的你和今天的你根本就不是一个人,今天的你和明天的你也根本不是一个人。一切都在变化,你也概莫能外。

所以,当你牵挂昨天的事时,就是在为一个不是你的人焦虑;而当你始终无法忘记过去时,你就是在为无数个不是你自己的人而焦虑。

过于认真不是病,过于执着自己,才是病入膏肓。

人生的捆绑销售定律

原文

有一乐境界,就有一不乐的相对待;有一好光景,就有一不好的相乘除。只是寻常家饭、素位风光,才是个安乐窝巢。

译文

有一个快乐境界,必有一不快乐的事物与之相对应;有一个好光景,必有一个不好的事物与之相抵消。只有日常生活、家常便饭、当下风光,才是平安快乐的安身地。

度阴山曰

我将其称为"捆绑销售":有一喜必有一悲,有一好必有一坏。

在这个定律的影响下,人们被搞得神经兮兮。每次大欢喜到高潮时突然想到还有个大悲哀即将来到,马上不敢欢喜;每次你好我好其乐融融时,突然想到还有个大矛盾即将到来,马上不敢快乐。反之,每次遇到难事、悲伤的事,立即想到马上要来欢喜事,心情即刻晴转多云。

有人喜欢悲喜交加,体验极致的快感;有人则喜欢风平浪静,既不大喜也不大忧。所以,越是平常生活,越是家常便饭,外人看来平淡,其实当事人正乐在其中。

知道并承认结果,是解决问题的最好方式

原文

知成之必败,则求成之心不必太坚;
知生之必死,则保生之道不必过劳。

译文

知道有成功也有失败的道理,那么求成功的心就不必太执着;知道有生必有死的道理,那么在养身之道上就没必要太认真。

度阴山曰

一件事如果提前知道结果是坏的,那还要不要去做?答案是,要去做。因为人活着并不只为了那个结果,达成结果的过程很重要。就像爬山不是为了登上那光秃秃的山顶,而是为了欣赏山路上的山花烂漫、云卷云舒。

当我们知道一件事的结果时,就不会太执着。因为执着也无用,结果就在那里。比如知道事情有成有败,各占一半,那失败或者成功都不必太激动;知道生死必然,那就不必对自己长寿与否太认真。人有两种情况会过于认真,一是神经病,二是不知结果。知道并承认结果,是对待包括成败寿夭所有事情的最好方式。

历史到底有什么用

原文

眼看西晋之荆榛，犹矜白刃；身属北邙之狐兔，尚惜黄金。语云："猛兽易伏，人心难降；溪壑易填，人心难满。"信哉！

译文

眼看着西晋就要灭亡，繁华宫殿要湮没在荒草灌木中，可有些人还在炫耀武力；眼看自己马上死去，到坟场北邙山上与狐狸、兔子做邻居，却还在一毛不拔。俗话说："猛兽易制服，人心难降服；溪谷易填平，人心难满足。"这句话真是真理啊！

度阴山曰

这是个悲伤的故事：290年，晋武帝司马炎驾崩，其子司马衷继位，即为晋惠帝。第二年，皇后贾南风勾结同姓王，要抢夺政权，于是爆发了从291年至306年的"八王之乱"。这场惊天内乱，让西晋帝国元气大伤，到处都是喊打喊杀声，后来西晋首都洛阳沦陷，王公士民三万余人被杀，繁华的首都成为废墟。这个教训触目惊心，可又有谁能吸取教训呢？

事物的对错，只是心的对错

原文

心地上无风涛，随在皆青山绿树；
性天中有化育，触处都鱼跃鸢飞。

译文

内心没有风浪波涛，便随处都是青山绿树的祥和；天性热爱自然万物，便随处可见鱼跃鸟飞的景象。

度阴山曰

同是一朵落花，林黛玉看了，哭着去葬花；而你看了，觉得那只是一个再普通不过的自然现象。世界之所以在每个人的眼中都不一样，不是因为这世界不同，而是因为人心不同。你眼中的麻烦事，在别人眼中，可能只是他需要处理的若干事情中的一件而已。都说为人处世，要从心出发。一切的前提是你乐观、豁达，然后才是用心对人、对事。

唯一永恒的,是变化

原文

狐眠败砌,兔走荒台,尽是当年歌舞之地;露冷黄花,烟迷衰草,悉属旧时争战之场。盛衰何常?强弱安在?念此令人心灰。

译文

狐狸在残败台阶上安眠,兔子在荒废楼台上出没,这里都曾是轻歌曼舞的地方;簇簇黄花上凝结着滴滴冷露,遍地荒草笼罩在凄迷的烟雾之中,这里都是从前龙争虎斗的战场。兴盛或者衰亡,哪能一成不变?强大或者弱小,如今又都在哪里呢?想到这些,不禁令人心灰意冷。

度阴山曰

唯一永恒的事情,就是变化:从生到死,从生病到痊愈,从不如意到如意。因为有变化,很多努力才有意义。对于变化,多数人都能理解,但却做不到完全接受。因为但凡普通人,都只喜欢变好,不喜欢变坏。可是,变坏也是一种常态。所以,好时要念点坏,坏时要想点好。现在的好与坏、高与低,都将成为过去。

花云定律：一切都是正常的

> **原文**

宠辱不惊，闲看庭前花开花落；去留无意，漫随天外云卷云舒。

> **译文**

面对荣誉或侮辱绝不一惊一乍，就好像是看庭院前的花开花落；在职位上的去或留绝不在意，就好像是天上的云卷起又舒张一样。

> **度阴山曰**

这是《菜根谭》中最有名气的一句话，可以列为《菜根谭》十大金句之首。不过，它的成名却是在《小窗幽记》中。《小窗幽记》选了这句话，使其爆红，反过来，在《菜根谭》中的影响也呈飞升。

这句话告诉我们，一切事物都有它自己的命运，我们不必为之操心。宠辱、去留就如花开花落、云卷云舒一样平常，一样自然。开落卷舒是花与云的命运，是上天的安排；宠辱去留也是你的命运，是老天给你的安排。

我将其命名为"花云定律"：不是要看淡宠辱去留，而是要明白花开花落、云卷云舒是正常现象，你对正常现象能有什么看不淡和想不透？

对比，是痛苦之源

原文

晴空朗月，何天不可翱翔，而飞蛾独投夜烛；清泉绿竹，何物不可饮啄，而鸱鸮偏嗜腐鼠。噫！世之不为飞蛾鸱鸮者，几何人哉！

译文

明月高照的天空，可任意翱翔，而飞蛾偏偏要去扑烛火；清泉流水，绿草野果，哪样东西不能充饥，而鸱鸮偏偏要去吃死老鼠肉。哎，这世界上能不像飞蛾、鸱鸮那样神经的人又有几个呢！

度阴山曰

许多事物独立存在都没有问题，但一对比就出了问题。天鹅永远无法理解鸱鸮为何要吃死老鼠，鸱鸮也无法理解天鹅为什么不吃死老鼠。飞蛾永远无法理解雄鹰为何飞向天空，而不是烛火。正如海盗永远无法理解渔民为何要辛苦地捕鱼，渔民也无法理解海盗为什么不能本分地捕鱼而非去刀口上过活。

其实，冲天的雄鹰没有错，投火的飞蛾也没有错，吃死老鼠的鸱鸮更没有错。错的是，对比。

想要活得舒坦，就尽量别对比，因为人比人气死人。

把自己当热闹看，人生就会通透

原文

权贵龙骧，英雄虎战，以冷眼视之，如蝇聚膻、如蚁竞血；是非蜂起，得失猬兴，以冷情当之，如冶化金，如汤消雪。

译文

达官贵人龙腾虎跃，英雄豪杰好像猛虎下山，互相追逐胜败，可局外人冷眼旁观，觉得他们就像是苍蝇追逐腥膻、蚂蚁飞奔在血腥上一样。人间的是非就像一窝蜂飞起来那样汹涌，得失也像刺猬的尖刺那样密布，只有以冷淡的心理去对待，才能如炉火冶炼金属、开水融化冰雪一样从容。

度阴山曰

看热闹的人永远不嫌事大，因为热闹本身和你的利害得失无关。倘若有关，你就没有热闹可看，而是躬身入局去趋利避害了。

所谓用冷淡的心理去看待那些争夺名利的人和事，这里的心理就是看热闹的心理。你把人世间所有和你无关的事，都当成热闹看、当成大戏看，就能很好地理解争斗、是非得失。

从某种意义上讲，我们自己又何尝不是一场热闹呢？当你在桥上看风景时，别人在更远处也把你当风景看。既然可以成为别人的风景，为什么不能先把自己当成风景？！所以看自己如看热闹，人生就没有争斗，没有是非得失，即使有，也是儿戏。

人脸是个"苦"字

原文

真空不空,执相非真,破相亦非真,问世尊如何发付?在世出世,徇欲是苦,绝欲亦是苦,听吾侪善自修持!

译文

空不是虚无,执着于形象不是真实,破除的妄象更不是真,那么,请问佛陀怎样解释这个道理?人活着是苦,死也是苦,纵欲是苦,绝欲更是苦,不如像我辈心外无物,自我修炼以求明心净性。

度阴山曰

在一些古人的认知中,人生就是个"苦"字。人的眼睛、眉毛、鼻子和嘴共同组成一个"苦"字,当你意识到自己是人时,苦就开始了。如何不苦呢?没有办法,因为一切有情众生皆苦。唯有保持乐观的心态,努力过好这一生。

看到人生本质后,你能对一切释怀

原文

烈士让千乘,贪夫争一文,人品星渊也,而好名不殊好利;

天子营家国,乞人号饔飧,位分霄壤也,而焦思何异焦声。

译文

有节操的人可以把有千乘兵车的大国让予他人,而贪得无厌的人不会给别人一文钱,可见二者人品有天壤之别,但是,好名的人与好利的人在行为上没有本质区别;帝王治理国家,而乞丐向他人乞讨,从二者地位来看确有天地之别,但是,帝王冥思苦想政事和乞丐哀声乞讨食物的烦心情形有什么差别呢?

度阴山曰

做帝王的人和做乞丐的人本质上都有烦恼,家财万贯的人和一贫如洗的,也都有难念的经。如此看来,人在世间走,透过表象之后的本质,大家都一样。

这山望着那山高的人,只不过是目光短浅,全盯着别人而失去了自我。那些始终感觉人生无聊的人,是看不到人世的本质的人。

人要随性地活,而不能随意地活

原文

性天澄澈,即饥餐渴饮,无非康济身心;
心地沉迷,纵演偈谈禅,总是播弄精魂。

译文

天性纯粹清澈的人,即使饿了就吃,渴了就喝,身心也照样健康。心灵陷入物欲的人,就算谈佛法、诵禅语,也是在浪费自己的精力。

度阴山曰

有人问老禅师:"修行修的是什么?"禅师回答:"吃饭睡觉。"那人说:"我现在也可以吃饭睡觉啊!"禅师说:"修行是为了让你更好地吃饭睡觉。"那人不明白。禅师解释说:"修行前,吃饭时想着睡觉,睡觉时想着吃饭。修行后,吃饭时就一门心思吃饭,睡觉时就一门心思睡觉。"

人不能随意地活,而是要随性地活。人不是不能追求物欲,可以享受但不能深陷其中。

人活的就是个心情

原文

人心有真境,非丝非竹而自恬愉,不烟不茗而自清芬。须念净境空,虑忘形释,才得以游衍其中。

译文

人心中如果有美妙的境界,即使没有音乐调剂生活也会感到舒适愉快,不需要焚香烹茶也能让满室清香。只要思想纯洁,意境空彻,就能忘掉一切烦恼,身无束缚,自己则能逍遥游乐于这美境之中。

度阴山曰

我们常常讲,找个山清水秀的地方散散心,其实这样的方法未必奏效。因为当你心情沉重时,心外的青山绿水不会让你心情变好。只有自己的心情变好,青山绿水才能让你心情更好,这个主次关系一定要把握好。当你心思烦乱时,无论什么环境都会让你感觉乌烟瘴气。人只有思虑单纯,才能把身边的世界看得云淡风轻,逍遥其中。

人世间,客观环境固然千姿百态,但没了人心,或者人心不爽,一切美妙环境,都如地狱。人活的就是个心情,一切客观环境,都在为心情服务。

万法归一，一归人心

> 原文

天地中万物，人伦中万情，世界中万事，以俗眼观，纷纷各异，以道眼观，种种是常，何须分别，何须取舍！

> 译文

世界上的一切物体，人际关系中的一切情感，天下间的一切事情，用世俗人的眼睛看，各有不同。而用得道之人的眼光看，其实都一样。不必分别，也不必取舍。

> 度阴山曰

你所知和未知的一切，包括一切物体、一切情感、一切事情、一切未知，都源于一个最简单的所在——"一"。这个所在，有人说是天，有人说是气，有人说是无极，有人说是乾坤，还有人说是外星文明。但这些都不是纯粹的"一"。万法所归的"一"，是人心。

如果没有人，一切未知、一切物体、一切情感、一切事情都不存在；正是因为有了人，才定义、编织出了未知、物体、情感、事情。所以，万法归一处就是人心，人心同，一切都同。如此，还能有什么分别，还能有什么取舍呢？

心是全部，无须外饰

原文

缠脱只在自心，心了则屠肆糟糠，居然净土。不然，纵一琴一鹤，一花一卉，嗜好虽清，魔障终在。语云："能休尘境为真境，未了僧家是俗家。"

译文

纠缠还是解脱只在内心，内心能够感悟，嘈杂的肉市酒店也会成清净世界。否则，即使只有一琴一鹤相伴，一花一草相对，爱好虽清雅，心内魔障终会存在。邵雍说："如能停止追逐名利，凡俗尘世也是真境界；如若不能了却尘缘，僧人也和世俗人家毫无区别。"

度阴山曰

心生万物，境由心生。同样是面对一片草地，牧羊人会大喜过望，而种花人则会失望，草地没有什么对错，为什么有人喜欢它，而有人厌恶它呢？原因在于人心不同。心静的人，无论是在井中还是闹市，都认为这是最好的修行场；而心不静的人，哪怕是放到外太空，他也认为地球转动的声音太吵闹。人心决定感受，不需要过多修饰，人心清凉，何必摇扇？

"物我法则"：你中了哪一部分

原文

以我转物者，得固不喜，失亦不忧，天地尽属逍遥；以物役我者，逆固生憎，顺亦生爱，一毫便生缠缚。

译文

能主宰万物的人，成功了不会欢喜，失败了也不会忧愁，因为无边的天地到处都可悠游自在；受万物主宰的人，遭遇逆境会有怨恨，而顺境时又对物生不舍之心，所以一点儿小事就能使其身心被长久困扰。

度阴山曰

中国古代思想中有一条法则，即"物我法则"。它分两部分，第一，以我转物：做到这一点，就可以对任何事物得之不喜、失之不忧；第二，以物役我：中此法则后，对任何事物都会得之大喜，失之大忧。

人人都希望可以以我转物，也就是能控制万物。其表现是情绪不随"得失"起伏，人人都不希望以物役我，也就是被万物控制。其表现是情绪总随得失的变化而变化。"物我法则"主张，我在物先，物在我后。我是物的主人，物是我的奴仆。

然而现实却是，很少有人能成为物的主人。造成这种结果的原因很简单，我们和物如胶似漆，分离一刻都不行。

如何能超脱于大千世界

原文

试思未生之前有何象貌,又思既死之后有何景色?则万念灰冷,一性寂然,自可超物外而游象先。

译文

有时间试想一下自己出生之前是什么相貌,还可以试想死后又是怎样的情景,如此想过后,所有念头便冷却消失,内心寂灭安静,自然可以超然、悠游于大千世界之外。

度阴山曰

前世之我是谁,来生谁是我?认真想想你没来世上时,你在哪里?再认真想想你离开世界时,世界会是怎样一番情景?如果心中已有了答案,那你是否感觉身外之物可有可无?你是不是想要躺平?人一旦躺平了,真能超然于大千世界之外吗?还是要积极进取,做点自己最喜欢做的事,让人生精彩些,才能悠游于大千世界之外呢?答案在你心中。

人生如戏，演好演砸，都会落幕

原文

优人傅粉调朱，较妍丑于毫端。俄而歌残场罢，妍丑何存？奕者争先竞后，较雌雄于着手。俄而局尽子收，雌雄安在？

译文

台上的戏子涂脂抹粉，在化妆的笔下竞赛美丑。很快歌舞完毕，观众散去，美丑又何在？

下棋的人争先恐后，在棋子之间比拼胜负。棋局下完，棋子收回，胜败又在哪里？

度阴山曰

人生如戏，戏台是我们短短的几十年，无论你演的多么精彩绝伦，都要落幕。一想到这里，就感到人生毫无意义。人生如戏这四个字，年纪大的人才真懂，因为落幕将至。年轻人不会懂，因为他们的人生离散场还很远。

有人富贵一生，有人落魄一生，有人无闻一生，有人风光一生，无论哪种人生，无论演好还是演砸，都是一辈子，而且只有一辈子，下台后，一切都是空。

既然如此，台上的短暂岁月中，喜欢什么就做什么吧，千万别委屈了自己。

有一种修行叫"得瑟"

原文

把握未定，宜绝迹尘嚣，使此心不见可欲而不乱，以澄吾静体；操持既坚，又当混迹风尘，使此心见可欲而亦不乱，以养吾圆机。

译文

当不能控制内心时，就要远离嘈杂世界，使自己不会因物欲引诱而迷乱心性，以此达到心静体舒的效果；当能够很好控制意念时，就要投身于花花世界，使自己在物欲引诱时不会心迷性乱，以此来培养质朴本性。

度阴山曰

人生就是耍小聪明的"得瑟"：当不能控制内心，要去追逐欲望时，就静——远离嘈杂的世界静心体悟；当可以控制内心不受欲望诱惑，就动——事上磨炼：去花花世界面对物欲，练得此心不动。

曾有人问王阳明修行问题，王阳明回答了八个字：静中体悟，事上磨练。这就是"得瑟"的真谛：无法控制内心就静中坐，能控制内心冲动就事上验。如果事上验不明白，或者验砸了，那就重回静中坐。人的修行其实就是这样：不停的转圈，不停的得瑟，一直得瑟进棺材为止。

要忘记自己在戒烟

> 原 文

喜寂厌喧者，往往避人以求静。不知意在无人，便成我相；心着于静，便是动根。如何到得人我一视、动静两忘的境界。

> 译 文

喜好安静、厌弃喧嚣的人，为求静而遁迹山林。却不知念头在无人，就已是执着；心有意识地想静，其实已经动了。这样的修行方法，怎么可能达到人我一体、动静皆忘的境界呢？

> 度阴山曰

如何戒烟？强制自己戒烟，就永远戒不了烟。戒烟的唯一方法是忘记自己在戒烟。

真正能把烟戒掉的人，绝不是那些咬牙切齿、时刻想着不抽烟的人，而是那些似乎和烟的缘分已尽，根本不会想着自己在戒烟的人。

其实你在世间做的每件事，或多或少地都在受同样的道理的摆布：比如你想安静，你一有这个想要安静的念头，其实就已经无法安静了。因为当你想着安静时，你的心正在工作（想安静），心在工作，怎么能静？！

古人常讲"顺其自然"，也可以用戒烟来类比：心中没有戒烟这件事，才能把烟戒掉；心中总想着戒烟，肯定戒不掉。

不要让食、色成为人欲

原文

人生祸区福境,皆念想造成,故释氏云:"利欲炽然,即是火坑;贪爱沉溺,便为苦海;一念清静,即烈焰成池;一念警觉,即航登彼岸。"念头稍异,境界顿殊,可不慎哉?

译文

人生的幸福和祸患,都由欲念造成,所以佛说:"对名利的欲望太过炽热就会跌进火坑,过度沉沦在贪嗔爱恋中就会掉入苦海。而一个清净的念头可让火坑变成水池,一个觉醒的念头可以让人跳出苦海到达彼岸。"念头稍有不同,所得到的境界就大不一样,不可不谨慎。

度阴山曰

我们来认真谈谈欲念。何谓欲念?人的欲望就是欲念。人的欲望有很多,其基石有两种:食、色。当我们用正当手段满足这两种欲望时,食色就成为天理;而当我们用不正当手段来满足这两种欲望时,食色就成了人欲、私欲。佛家经常说的欲念,更多地指的是后者——人欲、私欲。

如何让欲望成为天理而不是私欲,这需要我们在念头上下功夫,一念善则善,一念恶则恶。人由无数个念头组成,如果善念多一些,恶念少一些,你就是个好人;如果恶念很多,几乎没有善念,那就是个不折不扣的大恶棍。

为什么要不问收获，只问耕耘

原文

绳锯木断，水滴石穿，学道者须要努索；
水到渠成，瓜熟蒂落，得道者一任天机。

译文

绳索往复锯木头，可以把木头锯断，水滴不停落在石头上，就可把石头贯穿，就好比作学问的人只有努力用功才能有成就；水流到的地方自然形成一条沟渠，瓜果成熟之后自然会脱离枝蔓，就好比修行学道的人要听任自然才能获得正果。

度阴山曰

"绳锯木断，水滴石穿"是谋事在人；"水到渠成，瓜熟蒂落"则是"成事在天"。古人常讲"只问耕耘，不问收获"，其实并非是不问收获，而是收获就在耕耘中。所以古人才会告诉你，水滴石穿的过程最美好。

跳出自我

原文

就一身了一身者，方能以万物付万物，还天下于天下者，方能出世间于世间。

译文

跳出自我而看待自我的人，才能使万物按照自己的要求去发展，使之各得其所；能够把天下还给天下人的人，才能真正做到身处尘世，超然物外。

度阴山曰

什么是跳出自我？你把种子播撒进田地，让种子从田地里生长出来，不拔苗助长，不去田地中每天晃荡，让种子按照自己的方式生长，这就叫跳出自我。什么是把天下还给天下人？比如你丢了一个西瓜，不去寻找，反而说，西瓜肯定被天下的某个人捡到了，既然被天下人捡到，而你已是天下人，那就等于没丢。

命运的线绳，千万别掌控在别人手中

原文

人生原是一傀儡，只要把柄在手，一线不乱，卷舒自由，行止在我，一毫不受他人捉掇，便超此场中矣。

译文

人生本是一场木偶戏，只要手握牵动木偶的线绳，使所有丝线不紊乱，还能收放自如，行为举止都由自己掌控，一丝不受他人牵制，就算是跳出人生游戏场了。

度阴山曰

如果人是木偶，那谁在掌控木偶的线绳？是老天还是我们自己？大多人都希望是自己，好像命运掌控在自己手中是件多么幸福的事。其实，如果你既不强大，也无良知，掌控自己命运的事最好别做，因为你会把自己带入人生的悬崖，摔成一滩烂泥。

其实你的命运如果掌握在老天手中，或许会是不错的状态。因为命运线绳在老天手中后，你什么都不需要做，随便让老天操纵。老天如果仁慈，那你就赚到了，它会用线绳带你到荣华富贵地。倘若老天瞎眼，让你活得生不如死，那你也赚到了，因为它让你体会了和他人不一样的人生。

以慈悲之心对待万物

原文

为鼠常留饭，怜蛾不点灯。古人此点念头，便是吾一点生生之机，无此，即所谓土木形骸而已。

译文

为不让老鼠饿死，常常留一点儿剩饭在厨房；担心飞蛾扑火而死，所以晚上很少点灯。古人这种慈悲心肠，正是我们人类繁衍不息的生机。如果人类没有这生机，就会变成没有灵魂的躯壳，如此，和泥土、树木就没有任何区别了。

度阴山曰

老鼠和飞蛾，从人类的角度看都是敌人。如果不养猫捉老鼠，不让飞蛾扑火，老鼠和飞蛾都会特别不开心，它们认为你瞧不起它。但如果站在天道的角度看，给老鼠留夜宵，阻止飞蛾扑火，都符合天之道。只要是生命，我们就有理由对其慈悲。

凡人无法理解天道，其实也不必理解。我们只需要过好自己的生活就行。即使不给老鼠留饭，也没必要到处去追打老鼠；即使做不到不让飞蛾扑火，也没必要睡着了还点灯。每个人都有对慈悲的理解，你只要做到这几点：孝顺自己的父母，爱自己的妻儿，对待工作认真，对待朋友诚信。这就足够了。

世间双全法

原文

世态有炎凉,而我无嗔喜;世味有浓淡,而我无欣厌。一毫不落世情窠臼,便是一在世出世法也。

译文

世上人与人之间有热情或冷淡的分别,而我无所谓生气或喜欢;世间食物有咸味和淡味的分别,而我无所谓欣喜或讨厌。一点儿都不要落入人情世故的老套中,才是出世和入世共同的法则。

度阴山曰

有一种人,对热情或冷淡毫无反应,对咸味和淡味也毫无反应,这种人叫植物人。古人认为,人就应该像植物人一样,对世态炎凉、人情冷暖以及贫富尊卑没有感觉。不悲不喜,无欲无求,只要能活着,其他不必说。

有的人虽然活着,但和死了也没区别,我们绝不做这种人。我们要做拥有正常情绪的人,该热情时热情,该冷淡时冷淡,受到欺负要反击,受到表扬要翘几天尾巴,吃了辣椒会吐舌,这才是正常人。

激发个人成长

多年以来,千千万万有经验的读者,都会定期查看熊猫君家的最新书目,挑选满足自己成长需求的新书。

读客图书以"激发个人成长"为使命,在以下三个方面为您精选优质图书:

1. 精神成长

熊猫君家精彩绝伦的小说文库和人文类图书,帮助你成为永远充满梦想、勇气和爱的人!

2. 知识结构成长

熊猫君家的历史类、社科类图书,帮助你了解从宇宙诞生、文明演变直至今日世界之形成的方方面面。

3. 工作技能成长

熊猫君家的经管类、家教类图书,指引你更好地工作、更有效率地生活,减少人生中的烦恼。

每一本读客图书都轻松好读,精彩绝伦,充满无穷阅读乐趣!

认准读客熊猫

读客所有图书，在书脊、腰封、封底和前后勒口都有"**读客熊猫**"标志。

两步帮你快速找到读客图书

1. 找读客熊猫

2. 找黑白格子

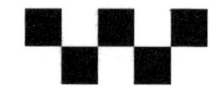

马上扫二维码，关注"**熊猫君**"

和千万读者一起成长吧！